高等院校早期教育（0—3岁）专业系列教材

中国学前教育研究会教师发展专业委员会
婴幼儿照护服务研修基地 研究项目

0—3岁
科学育儿照护指导

盘海鹰 主编

上海教育出版社
SHANGHAI EDUCATIONAL
PUBLISHING HOUSE

丛书编委会

主　任　郭亦勤　马　梅　缪宏才

副主任　贺永琴　蒋振声　袁　彬

编　委（按姓氏笔画排列）

于　喜　王玉舒　王爱军　王海东　方　玥　叶平枝

任　杰　刘　国　刘金华　苏睿先　李春玉　李鹂桦

张　静　张凤敏　张立华　张会艳　张克顺　张明红

张怡辰　陈恩清　陈穗清　周　蓓　郑健成　赵凤鸣

徐　健　黄国荣　康松玲　董　放　蒋高烈　韩映红

本书编委会

主　　编　盘海鹰

副主编　郭　丽　肖　莲　李　芳

编写人员　盘海鹰　郭　丽　肖　莲　李　芳

　　　　　朱小红　王　健　靳丽萍　何晓燕

总　序

我国"三孩"政策和相应配套与支持措施的实施,必然带来新生人口的增长。在我国学前教育已经取得显著成果之时,人们对 0～3 岁婴幼儿早期教育的需求与期待明显增强。

中国学前教育研究会教师发展专业委员会针对我国托育事业发展状况与趋势,充分认识到国家、社会、家庭对婴幼儿照护的重视与需求必然推进托育事业的大发展,而婴幼儿照护专业人才的培养、培训,建立一支有素质、专业化的早期教育师资队伍就势必成为关键问题。针对我国高专、高职院校 2009 年开始设置早期教育(0～3 岁)专业,并在 2010 年产生第一个早期教育专业点,随之一些高专、高职院校根据社会需求,迅速开办并推进早期教育专业点建设的情况,教师发展专业委员会于 2015 年、2016 年先后召开了早期教育专业建设研讨会、早期教育课程与教材建设推进会,积极组织全国有关专家学者,与已经开设和准备开设早期教育专业的高专、高职院校相关负责人共同深入研究并制定了早期教育(0～3 岁)人才培养方案,组织华东师范大学、北京师范大学、广州大学、天津师范大学、哈尔滨幼儿师范高等专科学校、福建幼儿师范高等专科学校、贵阳幼儿师范高等专科学校等院校和国家卫生健康委员会(原国家卫计委)有关部门的专业人士及学者,组成了早期教育专业课程与教材建设专家委员会,建立了由部分幼高专和卫生、保健、营养等专业人员组成的早期教育专业教材编写委员会领导小组。2017 年开始组织专家、学者、专业人士围绕早期教育(0～3 岁)专业核心课程进行研究,并编写了系列教材,目前已经由上海科技教育出版社出版发行十余种。

2019 年以来,国家加大了对托育事业与婴幼儿照护专业队伍建设的指导与规范。2019 年 5 月《国务院办公厅关于促进 3 岁以下婴幼儿照护服务发展的指导意见》(国办发〔2019〕15 号)颁发。紧接着在 2019 年 5 月 10 日,国务院以"促进 3 岁以下婴幼儿照护服务发展"为主题,召开了政策例行吹风会。教育部办公厅等七部门在《关于教育支持社会服务产业发展提高紧缺人才培养培训质量的意见》中提出,每个省份至少有 1 所本科高校开设托育服务相关专业。2020 年 5 月,国家卫健委出台《婴幼儿辅食添加营养指南》;10 月,中国疾病预防控制中心就婴幼儿喂养有关问题作讲解;同月,教育部回应政协委员关于早期教育和托育人才培养如何破局,提出在中职增设幼儿保育专业、幼儿发展与健康管理专业,指出将继续推动有条件的院校设置早教专业,扩大人才培养规模,推进"1+X"证书制度试点。国务院办公厅

2020年12月印发《关于促进养老托育服务健康发展的意见》。国家卫健委在2020年10月12日公开向社会征求《托育机构保育指导大纲(试行)》意见的基础上,于2021年1月12日印发了《托育机构保育指导大纲(试行)》(国卫人口发〔2021〕2号)。各省市也纷纷出台了落实《国务院办公厅关于促进3岁以下婴幼儿照护服务发展的指导意见》的实施细则或办法。这些政策与措施极大地推进了我国托育事业和早期教育师资队伍建设。至2019年,全国高专、高职早期教育专业点有100多个,学前教育专业点约700个,幼儿发展与健康管理专业点约250个。

针对全国院校早期教育专业迫切需要进一步加强专业课程与教材建设的呼声,中国学前教育研究会教师发展专业委员会在早期教育专业启动编写第一批核心课程系列教材并已陆续出版发行的基础上,于2019年组织已经开设早期教育类专业的高等院校教师、研究人员,联合国家卫健委系统的卫生、营养、保健、护理、艺术等专业人士,共同启动了早期教育专业第二批实践类、操作类和艺术类教材的编写,由上海教育出版社出版发行。

此次出版的系列教材提供给已经或即将开办早期教育专业的高专、高职院校师生使用,也适用于托育机构教师,早教领域、社区早教管理和工作人员,早教类相关专业(如保育、营养与保健、健康管理等)也可以参考和选择使用,同时也可为高校本科、中职与早教相关专业提供参考。由于全国早期教育专业建设与发展存在不平衡,师资队伍力量不均衡,建议根据本院校、本地区实际情况,在早期教育专业人才培养方案的指导下,合理选择确定必修课、必选课、任选课的课程与教材。

从全国来讲,早期教育类专业起步至今仅十余年时间,无论是理论还是实践上,与一些成熟专业相比都存在较大差距。虽然我们从教师发展专业委员会角度力求整合全国最强的力量,给院校早期教育专业建设与发展提供更科学与实用的教材,但是由于教材的一些编者研究深度不够,实践经验不足,能力和水平有限,一些教材不可避免地在某些方面存在问题,请读者批评指正。非常期望在我们推出这两批早期教育专业系列教材的基础上,能有更高水平的专业教材不断产生。

这批教材的主编由高等院校骨干教师和部分省市的骨干医生承担,编者多来自开办或准备开办早期教育专业的高等院校。在此对他们付出的辛勤劳动与作出的贡献表示衷心感谢!对提供各种支持与帮助的领导、老师、朋友们致以诚挚的谢意!

中国学前教育研究会教师发展专业委员会

叶平枝

2021年5月于广州大学

前　言

当今时代,科学育儿的理念已深入人心,有关科学育儿的理论、观点层出不穷。到底什么是科学育儿? 怎样的养育方式才是科学的? 养育孩子要如何做到科学性? 许多人依然在探寻答案。

关于0～3岁婴幼儿的科学养育,目前比较有代表性的界定是:为3岁以下婴幼儿提供科学、规范的照护服务,促进婴幼儿健康成长。这里的关键词是"科学、规范",那么对0～3岁婴幼儿的照护如何做到科学、规范呢?

科学、规范地照护0～3岁婴幼儿,需要把握国家对0～3岁婴幼儿照护服务的方针政策。无论是家庭照护、机构照护服务,还是社区照护服务,都要依据《国务院办公厅关于促进3岁以下婴幼儿照护服务发展的指导意见》(国办发[2019]第15号)、《托育机构设置标准(试行)》《托育机构管理规范(试行)》《托育机构保育指导大纲(试行)》等文件精神,对0～3岁婴幼儿实施科学、规范的照护。

《托育机构保育指导大纲(试行)》从营养与喂养、睡眠、生活与卫生习惯、动作、语言、认知、情感与社会性七个方面提出了科学和规范照护的目标、保育要点和指导建议,供托育机构对照执行。《上海市0～3岁婴幼儿教养方案》中的观察要点,对0～3岁婴幼儿的观察记录提供了具体可操作的专业指导。《0～3岁婴幼儿托育机构实用指南》一书中的"0～3岁婴幼儿发展观测及评价参考指标"则提出不同年龄阶段婴幼儿的体格发育和能力发展水平。

本书聚焦0～3岁科学育儿照护指导的实践。

科学育儿需要建立在婴幼儿心理学、教育学、营养学、护理学、医学等多个学科基础上,需要理论支撑,更需要实践技能。无论是家庭照护、机构照护服务,还是社区照护服务,都要最大限度地保护婴幼儿的安全和健康,遵循0～3岁婴幼儿的身心发展规律,关注个体差异,促进每个婴幼儿全面发展,切实做好家庭和托育机构的安全防护、营养膳食、疾病防控工作。家庭和托育机构应提供支持性环境,仔细观察婴幼儿的行为,关注其生理和心理需求,并及时给予积极适宜的回应。应科学规范地按照国家和地方相关标准和规范,合理安排婴幼儿的生活和活动,满足婴幼儿生长发育的需要。

本书聚焦家庭监护回应式照护、家庭早期学习机会适宜性照护、早教中心针对性照护、托育机构全日制照护和社区指导性照护;倡导0~3岁婴幼儿的照护以父母为主,从业人员为辅,以家庭为主,机构为辅,以保健为主,教育为辅。重点突出家庭中的照护,以《0~3岁婴幼儿托育机构实用指南》中"0~3岁婴幼儿发展观测及评价参考指标"下婴幼儿每月龄"生长发育状况达标参考"和"能力发展状况达标参考",《上海市0~3岁婴幼儿教养方案》中的观察要点和教育部与联合国儿童基金会合作项目"早期儿童养育与发展"的相关资料《0~6岁儿童发展的里程碑》中的内容为依据,指导父母在家庭中对0~3岁婴幼儿进行观察和记录,分析和评价,实施适宜的亲子游戏。

家庭中的照护主要包括家庭监护回应式照护和家庭早期学习机会适宜性照护。家庭监护回应式照护是日常式保育,包括健康、安全、营养、睡眠、生活卫生习惯等照护,重点关注婴幼儿的基本需要,如喂食,更换尿布,让婴幼儿保持干净和安全等。家庭早期学习机会适宜性照护除了包含监护回应式照护的关注点外,还强调满足婴幼儿渴望爱护和关注的需要;提供早期学习机会,给婴幼儿提供多看多听的机会;提倡让婴幼儿多去户外玩耍,并在成人的帮助下学着独立活动。

早教中心针对性照护主要关注婴幼儿的个体差异,根据国家卫生健康委员会发布的《0岁~6岁儿童发育行为评估量表》对不同婴幼儿进行个性化的指导。

托育机构全日制照护是指托育机构根据《托育机构保育指导大纲(试行)》,在机构内对婴幼儿的营养和喂养、睡眠、生活与卫生习惯、动作、语言、认知以及情感与社会性进行专业照护。

社区指导性照护是指社区依据《国务院办公厅关于促进3岁以下婴幼儿照护服务发展的指导意见》及其他相关文件,在线下为0~3岁婴幼儿及其家长提供入户的家庭养育指导,并建立社区亲子中心,开展社区亲子活动;同时,在线上开展社群指导和培训,为家长提供科学育儿资讯。

本书分为三个章节,分别就0~1岁、1~2岁、2~3岁三个年龄段阐述婴幼儿的家庭和社会照护指导。其中,0~1岁婴儿的家庭照护指导分新生儿期、2~3个月、4~6个月、7~12个月四个阶段进行介绍,1~2岁幼儿的家庭照护指导分13~18个月和19~24个月两个阶段进行介绍,2~3岁幼儿的家庭照护指导分25~30个月和31~36个月两个阶段进行介绍。

本书引入与0~3岁婴幼儿照护相呼应的家庭个案追踪叙事研究,此外,还选取早教中心、托育机构、社区服务的具体案例,所选案例具有典型性、发展性和逻辑关联性,展现家庭、早教中心、托育机构、社区服务工作的真实场景。本书还通过情景再现、操作指导等,凸显开放性的实践与思考,鼓励学生从父母、亲戚、朋友处了解育儿的过程,鼓励学生活学活用、举一反三、触类旁通。

本书主编盘海鹰,为苏州幼儿师范高等专科学校退休教师,学前教育专业副教授,高级育婴师。曾参与主编《0～3岁婴幼儿保育与教育》《0～3岁科学育儿指导手册(0～1岁、1～2岁、2～3岁)》《学前儿童卫生保健实践教程》。盘海鹰主要撰写了全书家庭监护回应式照护和家庭早期学习机会适宜性照护的相应内容。副主编郭丽,为KiDSHUB孩知堡儿童成长中心课程研发部主任,主要撰写早教中心针对性照护服务的相关内容。副主编肖莲,为苏州相城区妇联执行委员会委员,专注于社区0～6岁儿童早期科学养育工作,主要撰写社区指导性照护服务的相关内容。副主编李芳,为苏州花花屋托育园国际保育园总园长,主要撰写托育机构全日制照护服务的相关内容。书稿由盘海鹰负责统稿。限于编者水平,书中若有错漏和不当之处,敬请读者批评指正。

本书适用于普通高等院校、幼儿师范学校及各类职业技术院校学前教育专业、早期教育专业的教学,也可作为在职早教从业人员的培训用书,还可作为在职早教中心、托育机构和社区相关工作人员的参考用书。

盘海鹰

2021年5月

目　录

第一章 0~1岁科学育儿照护指导

0~1岁是个体生长发育速度较快的阶段。0~1岁婴儿生长与发育的具体情况见表1-1。

表1-1 0~1岁婴儿生长与发育状况达标参考

	0岁（新生儿）		1岁	
	男	女	男	女
平均体重	3.33千克	3.24千克	10.49千克	9.80千克
平均身高	50.4厘米	49.7厘米	78.3厘米	76.8厘米
平均头围	34.5厘米	34.0厘米	46.8厘米	45.5厘米
平均胸围	34.0厘米	33.7厘米	46.8厘米	45.43厘米
牙齿			上颌、下颌长出第一乳磨牙	
视力标准	较清晰地看20~30厘米处的物体		0.2~0.25	
睡眠	一昼夜睡18~20小时		一昼夜睡14小时左右	
大便	大便每天3~5次		有规律地在固定时间大便,每天1~3次	

1. 生活能力

0~1岁婴儿从母乳喂养到辅食添加,从喂奶、喂饭到能试着自己拿勺子吃饭,自己捧杯喝水,从无规律的睡眠、大小便到有规律的睡眠、大小便,能配合成人穿脱衣裤,逐渐形成良好的饮食习惯、睡眠习惯、大小便习惯、盥洗习惯和卫生习惯。

2. 其他能力

动作:在大肢体动作方面,0~1岁婴儿能从抬头、视物、倾听,发展到翻身、坐、爬,再发展到站立,进而从扶着走发展到独自行走。在精细动作方面,能从握手、握拳到能手指捏拿、两手传递,再发展到敲、拍、摔物体,双手能灵活地摆弄玩具、搭积木,能拿笔在纸上乱画,会单手翻书。

语言:0~1岁婴儿从模仿大人发音,到有意识地喊"爸爸""妈妈""爷爷""奶奶"等家庭成员,在家人喊自己的名字时能做出反应。能听懂爸爸妈妈逗引的语言,并做出相应的动作及表情。能逐渐理解日常用语,并用动作予以回应,如挥手表示"再见",还会说单字句,如"爸""妈""拿""要"等。

认知:0～1岁婴儿会听名称指认几种动物图片、拿几种玩具。能根据家长的语意,做简单的模仿动作。喜欢看图片。能从爱听轻快优美的乐曲和家长亲切的话语,发展到喜欢听儿歌。

情感和社会性:0～1岁婴儿哭闹时听到母亲的呼唤声能安静下来,听成人讲话或被抱着时会安静下来。能分辨家人和陌生人,期盼旁人注意自己的需求;能表达喜乐或不愉快的心情,喜欢与他人特别是同龄人交往。注视外界的时间随月龄增长而延长,能对着镜子看自己,并能机灵地观察人们的活动,喜欢看图和符号。能初步识别家人的表情、态度,受到夸奖时会表现出高兴的样子。

第一节　0～1个月新生儿的家庭和社区照护

婴儿从出生到第 28 天为新生儿期。这是一个特殊的时期,新生儿刚脱离母体进入独立生活的环境,身体的各个器官还不成熟,对外界环境的适应能力差,身体免疫力低,体温调节功能差。所以,刚出生的新生儿需要专业、细心的呵护。新生儿的中枢神经系统发育还不完善,所以手掌、手臂、腿部、口腔在遇到外界刺激时,会做出许多无意识的反射动作,中枢神经系统发育成熟后,反射动作即被意识控制的行为取代。

一、家庭监护回应式照护

家庭监护回应式照护是日常式保育,包括健康、安全、营养、睡眠等,较多关注婴儿的基本需要,如喂食、更换尿布、保证安全等。

(一)卫生保健

1. 健康照护

新生儿出生时皮肤饱满、红润,体温容易随温度变化而变化;每天睡 18～20 个小时;视力很模糊,眼有光感或动感,能看清眼前 20～30 厘米处的物体;母乳喂养者大便为金黄色、糊状,配方奶喂养者大便为淡黄色、软膏状,母乳喂养者大便次数比配方奶喂养者多;生理性黄疸一般在出生后 2～3 天出现,第 5～7 天达到高峰,10～14 天内自然消失。新生儿体格发育见表 1-2。

表1-2 新生儿体格发育参考指标①

月 龄	体重平均值（千克）		身高平均值（厘米）		头围平均值（厘米）	
	男	女	男	女	男	女
0～3天	3.33	3.24	50.4	49.7	34.5	34.0
1个月	5.11	4.73	56.8	55.6	38.0	37.2

（1）健康检查

新生儿出生后就会接受身体检查，包括皮肤颜色、心率、刺激后反应、肌张力、呼吸等，一般在出生后立刻进行。如果发现新生儿有异常，可及早进行治疗。

医生还会对新生儿进行更全面的检查，包括身高、体重、头围、囟门大小、身体各部位是否存在畸形等。此外，还有新生儿听力筛查——筛查是否有先天性耳聋；黄疸数值——检测黄疸水平；脚底采血——通过血液检查，诊断新生儿是否患有先天性代谢异常。

家长应特别关注新生儿肌张力的检查结果，肌张力异常通常与脑瘫相关。

（2）预防接种

新生儿一般要接种两种疫苗，即乙肝疫苗和卡介苗疫苗。一般情况下，新生儿出生后24小时内完成卡介苗疫苗的接种和乙肝疫苗第一针，1个月时接种乙肝疫苗第二针。

（3）疾病预防

体重增长缓慢：新生儿出生后10天内未恢复到出生时的体重，或者体重下降超过出生时体重的10%，应到医院就诊。

新生儿黄疸：如果新生儿在出生后2～3天开始出现黄疸并逐渐加深，7～10天慢慢减轻并消退，婴儿体温正常，精神良好，吃奶正常，体重渐增，大便及尿色正常，那么一般无需特殊治疗，这种现象医学上称为生理性黄疸。如果新生儿黄疸出现过早（出生时就有黄疸）或1～2天内出现且进展迅速（在一天内加深很多）；黄疸持续时间长，超过2～3周以上；黄疸消退后又出现；且婴儿不肯吃奶，哭闹不安或不哭，或有气急、抽搐等症状，那就是病理性黄疸。病理性黄疸可能会损伤婴儿的听力和智力，严重时甚至可能危及婴儿生命，因而一旦出现以上现象，家长应立即带婴儿到医院就诊。

溢奶和吐奶：新生儿溢奶是一种生理现象，新生儿吃奶之后会从口边溢出奶液，而非喷射状呕吐。吐奶则是指给新生儿喂奶后发生的一种较强烈的呕吐。预防新生儿溢奶或吐奶有赖于家长的正确喂养，如哺乳时应将新生儿斜着抱起，不要躺着喂哺；注意喂奶的速度和

① 本书编写组. 0～3岁婴幼儿托育机构实用指南[M]. 南京：江苏凤凰教育出版社，2019：261.

数量;喂奶之后不要过多翻动,应将新生儿抱直,头靠成人肩部,轻拍其背部,让孩子打几个嗝,使吞入胃内的空气排出,5～10分钟后再让孩子躺下,一般是右侧卧位。

尿布皮炎:尿布皮炎俗称"红屁股",绝大部分是护理不当所致。预防和处理尿布皮炎首先要勤洗勤换尿布。每次婴儿大小便后要及时用温水清洗婴儿臀部,洗净后涂抹鞣酸软膏,并让婴儿臀部在空气中多暴露一点时间,再包上干净尿布,以利于皮疹消退。其次,尿布应选柔软、吸水性强的棉布。每次使用后清洗干净、晾晒至完全干燥。如果婴儿的尿布皮炎经上述护理不奏效,应及时到医院诊治。

【情景再现】

我叫芃芃。本来我在妈妈肚子里的时候被子宫包裹着,因为胎位不正,医生决定让我剖腹产出生。那天,我正在妈妈的子宫里睡回笼觉呢,医生突然把我拉出来,强烈的刺激让我很不适应,很紧张,不停地哭叫。

医生先给我剪脐带。一般脐带残端会在出生后1～2个月脱落,给我洗澡时一定要注意,平时也要做好消毒。接着,医生把我呼吸道清理干净,避免呼吸道堵塞。随后,医生会对我进行检查和评分,主要包括肤色、心率、对刺激的反应、肌张力和呼吸等。我出生时体重3 700克、身高50厘米,是个很可爱的小男孩。最后,医生给我带上手环脚环,并填写了基本信息。

两个小时后,医护人员把我和妈妈推出手术室,全家人都来迎接我和妈妈。当时我可没心思看他们,我突然失去了妈妈的保护,感受不到妈妈的心跳,这一切让我感觉非常恐惧、非常不舒服。我一直闭着眼睛、眉头紧皱,有时把手放进嘴里,这让我有安全感。

2. 操作指导

《0～6岁儿童发展的里程碑》虽然不是临床测试工具,但是家长在家中可以按此观察孩子的行为表现。如果孩子的行为表现不属于其中列出的异常范畴,家长就不必过于担心,多留心观察即可。

1个月的婴儿可以:

- 头从一边转向另一边;
- 醒着时,目光能追随距眼睛20厘米左右的物体;
- 身边有铃声时,手脚会向中间抱紧;
- 与陌生人的声音相比,更喜欢听母亲的声音;
- 能分辨味道,喜欢甜味;

- 对气味有感觉,当闻到难闻的气味时会转开头;

- 听到轻柔的音乐声、人的说话声时会安静下来;

- 会微笑,会模仿人的表情。

如果以上内容 1 个月的婴儿都能做到,那说明婴儿发育得很不错!

如果婴儿有 2～3 项未能达到,那就要多做相关练习;如果有一半都没有达到,那就要加把劲;如果又经过 1～2 月的努力还未能达到,就要求助医生了。

发展警示:如果婴儿对很大的声音没有反应,对强烈的光线没有反应,不能轻松吸吮和吞咽,身高、体重不增加,就需要及时就医。

温馨提示:生长发育正常是健康的重要标志,在不同年龄阶段,孩子有着不同的发育水平。由于生长发育受多种因素(遗传、环境等)的影响,因而有明显的个体差异。在新生儿期,剖腹产婴儿与顺产婴儿的差异也较大。

(二) 生活照料

1. 营养

(1) 坚持母乳喂养,早开奶、多吮吸、勤哺喂

母乳是 6 个月内婴儿最理想的天然食物,非常适合身体快速生长发育、生理功能尚未完全发育成熟的婴儿。纯母乳喂养能满足 6 个月内婴儿所需要的全部液体、能量和营养素。

初乳对新生儿十分珍贵,对新生儿防御感染及建立初级免疫系统十分重要。尽早开奶可减轻婴儿生理性黄疸、生理性体重下降和低血糖的发生,产后 30 分钟即可喂奶。

母乳中维生素 D 含量较低,家长应适当地抱新生儿到户外活动,阳光能促进维生素 D 的合成。也可适当给婴儿补充维生素 D 制剂。

不能纯母乳喂养时,首选新生儿配方奶。新生儿配方奶是除了母乳外,适宜 0～6 个月婴儿生长发育的食物,其营养成分及含量基本接近母乳。

(2) 家长照护要点

哺乳的时候,妈妈把婴儿抱起紧贴在自己的胸前,一手的拇指和其余四指分别放在乳房的上、下方,把乳房托起成直锥形,待婴儿嘴张大后,将乳头和乳晕放入婴儿的口中。婴儿的嘴唇应包住乳头和乳晕或大部分乳晕,婴儿的下巴紧贴乳房。如果是人工喂养,给婴儿冲奶粉的时候,要严格按照比例冲兑,不要剧烈摇晃。如果选择部分水解配方奶粉,能有效降低婴儿的过敏风险。

无论是母乳喂养还是人工喂养,喂奶之后,都要轻轻将婴儿抱起靠在成人肩头,自下而上地轻拍婴儿背部。待婴儿打嗝之后,再将婴儿放到床上。婴儿拍嗝通常采用"竖起法":成

人用双手托的方法将婴儿从床上抱起,然后一手护住婴儿的头颈部,另一手托住婴儿的臀部,将婴儿的头轻轻地靠在自己的胸前或搁在自己的肩膀上。

新生儿喂养时,孩子想吃多少就吃多少,想什么时候吃就什么时候喂。一般来说,两次喂奶的间隔时间为1.5～2个小时。满月后的婴儿,两次喂奶间隔时间为2～4个小时。

2. 睡眠

(1) 睡眠能保护婴儿的大脑

一般新生儿一昼夜的睡眠时间为18～20个小时,睡眠可以使大脑皮层得到休息而恢复其功能。新生儿大脑皮质发育未完善,外界刺激对新生儿来说都是过强的刺激,因此持续和重复的刺激易使新生儿大脑皮层疲劳转而进入睡眠状态。新生儿除了吃奶以外,几乎所有时间都在睡眠。随着大脑皮层的发育,婴儿的睡眠时间会逐渐缩短。

新生儿房间的温度和湿度要相对稳定,室温以20～24摄氏度为宜,夏天可适当高些。湿度以50%～60%为宜。每天都要定时开窗,通风换气。房间温度过低时可用暖气,但要注意保持一定的湿度;夏天温度较高时,可用空调略微降温,注意空调不要朝着婴儿直吹,并根据室内温度给新生儿盖被,以防着凉。给新生儿盖被时要注意新生儿的颈部较短,谨防被子抵住鼻子而发生意外。

新生儿不需要枕头,因为新生儿的脊柱生理弯曲尚未形成,脊柱平直,平躺时背和后脑勺在同一个平面,颈部、背部肌肉自然松弛,侧卧时头与身体也在同一平面。新生儿的颈部很短,头部被垫高了,颈部处于屈曲状态,容易导致气道不畅影响呼吸,严重者可能会出现缺氧、窒息的情况。

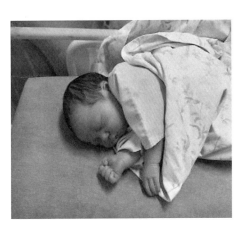

图1-1　睡眠

(2) 家长照护要点

新生儿每天的睡眠时间长,醒来的时间很短。他们还不能区分白天和晚上,只能重复吃奶、睡觉,睡觉、吃奶的简单生活。

新生儿通常睡几个小时就起来喝一次奶,成人要做的就是配合新生儿的生物钟。早晨,新生儿睁开眼睛后,可以用温热的毛巾给孩子擦擦脸。白天让孩子在有阳光的室内度过,晚上睡觉的时候尽量不要开灯。

让新生儿独立入睡,不要抱在成人怀里哄睡,也不要摇晃着哄睡。可以播放柔和的音乐作为睡前音乐,有节奏地为其按摩,帮助新生儿入睡。要观察新生儿的睡姿是否舒适,一般吃饱后夜里尽量少喂,尽量不换尿布,任其熟睡至天亮。新生儿的盖被要轻软、温暖、舒适,不宜太多。

3. 肚脐护理

（1）肚脐护理的重要性

新生儿的脐带残端为开放性伤口。一段时间以后,脐带残端逐渐坏死,一般在出生后7天左右自然脱落,创口愈合一般需要10～14天。

新生儿的肚脐要保持干爽。脐带脱落前或刚脱落时,尤其要确保脐带和脐窝的干燥,即将脱落的脐带是一种坏死组织,很容易感染细菌。

不要让纸尿裤或衣服摩擦脐带残端。可以将尿布前半部分的上端往下翻折一些,以减少纸尿裤对脐带残端的摩擦。

（2）家长照护要点

成人护理婴儿肚脐前,一定要洗手。脐带脱落前,不要让脐带和脐窝沾水。每天用碘伏棒擦拭2次,早晚各一次。

擦拭时,成人一只手轻轻提起脐带的结扎线,另一只手用碘伏棒在脐窝和脐带根部仔细擦拭。之后,再用新的碘伏棒从脐窝中心向外转圈擦拭,提过的结扎线也应用碘伏棒擦拭消毒。

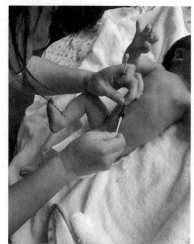

图1-2　肚脐护理

4. 大小便观察

（1）仔细观察婴儿的大小便情况

新生儿会在出生后12小时内逐渐排出黏稠、黑色或墨绿色、无臭味的胎粪,这是胎儿肠道中的分泌物、脱落的上皮细胞、胆汁、吞入的羊水等的混合物,一般每天2～3次。2～4天后胎粪排尽,转为黄色糊状便,每天排便3～5次,通常是在吃奶时排便。新生儿在吃奶时排便是胃肠反射引起的,属正常生理现象。

一般情况下,母乳喂养的新生儿的大便呈金黄色,偶尔会微带绿色且比较稀;呈糊状,均匀一致,带有酸味但没有泡沫,没有奶瓣。人工喂养的新生儿吃的是配方奶,大便呈淡黄色或土黄色,比较干燥、粗糙,带有难闻的粪臭味,有时还混有灰白色的奶瓣。

（2）家长照护要点

新生儿吃得频繁,排便也很频繁,且皮肤娇嫩,如果不及时更换尿布,一是新生儿不舒服,容易哭闹,二是容易引发尿布皮炎。

新生儿每次排便后要及时用温度适中的清水清洁臀部,涂上婴儿护臀霜,并更换尿布;夜间或外出不便用水清洗时,可选用婴儿专用消毒巾清洁臀部。新生儿的肛门周围和腹股沟,男宝宝的阴茎与阴囊相邻处、阴囊与会阴相邻处易藏污纳垢,如不及时清洁和保持干燥,常会出现糜烂,应作为重点清洁的部位。

给新生儿更换纸尿裤的时候,动作一定要轻柔,先将干净的纸尿裤准备好,然后再去解开孩子身上的纸尿裤。成人可一只手抓住孩子的双脚后跟轻轻往上提,另一只手迅速将脏的纸尿裤移开,并将干净的纸尿裤塞到孩子的屁股底下,粘好腰贴之后,再从前到后把纸尿裤大腿边的花边都翻出来。最后,再整理一下孩子脐部处的纸尿裤,可适当翻折,以免碰到肚脐。纸尿裤不宜包得太紧,纸尿裤和婴儿腹部之间要能塞得进一根手指。

5. 洗澡、穿衣和抚触

（1）勤洗澡、穿棉衣、做抚触

新生儿皮肤娇嫩,出汗、大小便等会对皮肤造成刺激,所以要勤洗澡、勤换衣裤和尿布,保持其皮肤清洁和干燥。建议每日给新生儿洗澡一次。清洁皮肤不仅使新生儿感觉舒服,还可以加速血液循环,促进新生儿生长发育。

新生儿的衣物以浅色、棉质为好。开襟、开裆的衣物便于穿脱,且宽松、舒适。斜襟的低领上衣有利于新生儿颈部散热及系围嘴儿,前襟略长的上衣能盖住肚脐。连衣裤、连脚裤要足够宽松,让新生儿能够伸直腿。系带或松紧带不可过紧,以防影响新生儿胸廓发育。新生儿头部易出汗,应戴吸汗的纯棉帽;袜子松软舒适,绑口不宜过紧,袜子里侧应无线头,以防弄伤新生儿的脚趾;不要戴手套,也不要把新生儿的手藏在袖子里。总之,要保证新生儿舒适且四肢活动自如。

抚触是有技巧地对新生儿进行全身按摩,有利于新生儿大脑皮层和各脏器的功能发育,促进其身心健康发展。研究认为,抚触对新生儿的睡眠,生长发育,智力发育,心理健康,以及疾病预防等有积极作用。

（2）家长照护要点

新生儿的身体较柔软,很多人不知道该如何给新生儿洗澡,洗澡的过程中,不仅大人手忙脚乱,孩子也会因为不舒服而哭闹。给新生儿洗澡时,家长可以一手托住孩子的颈背部,一手轻轻用毛巾擦洗。每次洗的时候,要确保室内温度保持在 26～28 摄氏度,水温为 37～40 摄氏度,并且时间不要过长。

新生儿需要肌肤的触摸和感情的交流。做抚触时,成人应随时观察孩子,如果孩子哭闹得厉害要停止抚触。成人可以一边做抚触,一边跟孩子说话。抚触每天可做 1～2 次。

新生儿对洗脸、洗头、洗澡、换尿布、抚触、换衣服等还不习惯,所以容易紧张,等其适应就好了。

【情景再现】

我在妈妈的肚子里是靠脐带供给营养的，现在脐带被剪断了，我也饿啦。医护人员说分娩后60分钟内，即可让我吮吸，有皮肤接触。医护人员把我抱到妈妈跟前，让我吮吸母乳，我虽然睁开了眼睛但还不会吮吸母乳，而且妈妈现在还没有分泌母乳。这是我和妈妈第一次近距离皮肤接触，是我第一次感受妈妈的味道。医护人员这样做是为了刺激妈妈早日分泌母乳，增进我们母子感情。医护人员说如果妈妈还未分泌母乳或母乳不足，他们就会根据我的需要补充配方奶，竟然是用勺子慢慢给我喂奶的。也许是本能反应吧，我很快就学会了吞咽，把奶吃光了。回到家里，我开始在妈妈的怀里吃奶了。此时，我最为敏感的是口角、唇边和脸蛋，我依偎在母亲的胸前，吮吸着甜蜜的乳汁，倾听着熟悉的心跳声，仿佛又回到了子宫，那个最温暖、最安全的家。这个过程中，我与妈妈有触觉交流、视觉交流，妈妈在喂奶的过程中按摩我的小手和小脚，与我说话，这种感觉太幸福了。

我的大部分时间都是在睡眠中度过的。只有饿了、尿了、不舒服时，我才会醒来哭闹，但只要解决了需求，我很快又会入睡。我觉得还是用我在子宫里时的交叉腿姿睡觉舒服。

我出生后，脐带被剪断了，伤口很容易感染。医护人员说脐带结扎后7天左右残端可以脱落，10～14天可以自行愈合。看，我的肚脐外部已经干了，但里面还没愈合，医生说每天要用酒精或者碘伏消毒脐部2次，保持局部的干燥和清洁，平时洗澡时注意防水。妈妈每天给我护理肚脐，一周后脐痂就脱落了，妈妈还收藏起来留作纪念。

医务人员说，若我出生24小时内无排尿排便，及时与他们联系。我出生第一天就排便了，粪便是黑褐色的，这是我的胎便。回家后我开始吃母乳了，排出的粪便变成了黄色。

我第一次洗澡时很紧张，皱着眉头，嘴角向下，一副痛苦的表情；两个小拳头握得紧紧的，小腿绷得硬硬的，一副要参加战斗的模样。奶奶先给我洗脸，再给我洗头，然后把我放进盆里洗身体正面，最后让我趴在水里洗后背。擦干身体后，奶奶护理了我的屁股和肚脐，然后给我包上纸尿裤，做了抚触，最后给我穿上衣服。第一次抚触我感觉很不舒服，可是我是剖腹产儿，洗澡和抚触能刺激我的感官，避免感觉统合失调。

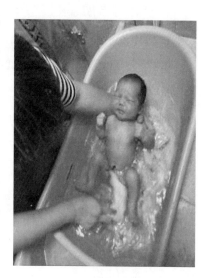

图1-3　第一次洗澡

6. 操作指导

新生儿皮肤娇嫩，出汗、大小便等会对皮肤造成刺激，保持日常清洁很重要。

每次喂完奶后要帮新生儿擦擦嘴;清晨起床后要洗脸、洗手;洗澡最好一天一次,室温保持在 26～28 摄氏度,水温保持在 37～40 摄氏度,选用婴儿专用的浴液,每次洗澡的时间安排在喂奶前 1～2 小时,以免引起吐奶。如果入睡前不洗澡,就给孩子洗脸、洗手、洗臀部、洗脚;在每次大小便后,用温水擦洗孩子的臀部及会阴部,以保证孩子舒适、干净。

洗脸时,将小毛巾或纱布浸湿后拧干,先从孩子眼部的内侧开始擦洗,接着是嘴部和面部,注意要擦干净耳朵及耳朵周围部位。擦洗孩子嘴巴及嘴四周时,应该将小毛巾弄湿一点儿,擦洗完毕要轻轻擦干嘴部。别忘了擦洗孩子的下巴和颈部,最后顺便把孩子的手指、手掌和手背也擦一下。

洗澡时,重点清洗孩子的颈部、腋下、肘窝、腹股沟等皮肤褶皱处和手心、指缝、趾缝,动作要轻柔。必要时,可让孩子在水中玩耍 5 分钟左右。洗完澡后要及时擦干,给孩子换上尿布,穿上衣服。

二、家庭早期学习机会适宜性照护

家庭早期学习机会适宜性照护除了包含监护回应式照护的关注点以外,还十分强调满足婴儿渴望爱和关注的需要,强调给婴儿提供多看多听的机会,强调让婴儿离开床铺去户外玩耍,并且在成人的帮助下独立活动。

(一) 动作发展

1. 动作发展重点

0～1 个月的新生儿可以尝试俯卧时抬头,仰卧时向两侧摆头;具备觅食、吮吸、吞咽、握拳等反射;四肢能笨拙地活动,上肢活动多于下肢活动。

此阶段应重点锻炼新生儿的颈部肌肉力量,发展新生儿手臂的支撑力和手部肌肉力量。

结合《0 岁～6 岁儿童发育行为评估量表》中 1 月龄婴儿动作测评项目,可以指导家长与 1 月龄婴儿开展亲子互动。

俯卧头部翘动:婴儿脸向下趴在床上,双臂放在头两侧;成人给其做背部抚触。婴儿能将脸部转向一侧;能将头往上翘,下颌离开床 2～3 厘米,并能坚持 2 秒左右。此类抬头练习几秒即可,不宜太久。

抵足爬行:婴儿脸向下趴在床上,前臂屈曲支撑在头两侧;成人用手抵住婴儿的两脚足底,给他向前爬的力量,婴儿不仅能使脸部转向一侧,而且能抬头,两只手臂能支撑、努力向前,并能坚持 2～5 秒。此类练习几秒即可,不宜太久。

竖抱抬头:成人让婴儿趴在自己的肩膀上,竖抱婴儿拍嗝,逐渐将扶住婴儿颈部的手松开,婴儿颈部能支撑住头部,并保持2～5秒。此类练习几秒即可,不宜太久。

触碰手掌紧握拳:婴儿仰卧,成人将自己的食指放入婴儿手掌中,婴儿能将拳头握紧。

【情景再现】

吃完奶我经常被竖抱起来拍嗝,我逐渐能自己支撑头部几秒;洗完澡做背部抚触时,我的头也能抬起几秒钟;俯卧抬头时,我会努力把头抬高,因为不抬头的话,脸会贴在床上,无法呼吸;做抵足爬行太累了,实在没力气了我会偏头休息,这是本能的自我保护。

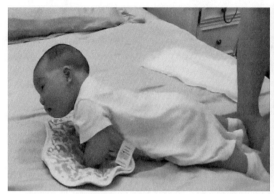
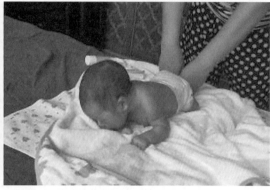

图1-4　俯卧抬头　　　　　　　　　　　　图1-5　抵足爬行

我逐渐习惯睁开眼睛。我不停地手脚乱动,一会儿举起双手,一会儿伸伸懒腰,两只小脚也翘得高高的。在音乐的伴奏下,我还会手舞足蹈。

2. 操作指导

(1)抬头练习

婴儿呈俯卧位,成人坐在婴儿面前。成人拿一个会发声的玩具(如响铃),面对婴儿摇动,同时对婴儿说:"看这里!"然后成人慢慢地把玩具移至高处,并不断地对婴儿说:"看这里!""响铃在哪里呀?"鼓励婴儿抬起头,用双手支撑起上半身。此练习可以帮助婴儿学习眼睛和身体相互配合活动,锻炼婴儿前臂、颈部和背部的肌肉。

每天练习3～5次,每次练习几秒钟即可。一开始,婴儿不能很好地支撑起头部,这是正常的。

(2)头部活动

新生儿出生半个月后,成人每天可抱他片刻,让他观看室内摆放的各种物品,同时向他讲述这些物品的名称等,帮助他熟悉周围的环境。注意应让新生儿正面看物品,以训练他的双眼协调能力。此活动每天可做3～4次,每次不超过3分钟。

（二）社会适应发展

1. 社会适应发展重点

0～1个月的新生儿能发出细小的喉音；对说话声很敏感，尤其对高音很敏感；对甜味、咸味、苦味有不同的反应；对熟悉或新奇的听觉刺激有反应，能转向声源处；眼睛能注视红球，但持续的时间很短；喜欢被爱抚、拥抱；看到人的面部表情、听到人的声音有反应，哭闹时母亲的呼唤声有安抚作用；喜欢看人脸，尤其是母亲的笑脸。

此阶段应重点促进新生儿的视觉发展和听觉发展，还要增进亲子情感。

结合《0岁～6岁儿童发育行为评估量表》中1月龄婴儿社会适应能力测评项目，可以指导家长与1月龄婴儿开展亲子互动。

（1）有眼神交流

婴儿能与家长有眼神交流显示婴儿的神经系统发育正常，能强化家长与婴儿之间的关系。

（2）正确抱婴儿

刚出生的婴儿，一切都是"软"的。由于新生儿的脊椎几乎完全是直的，加上身体、骨骼比较柔软，家长抱婴儿的姿势正确与否对婴儿脊椎的发展有重要的影响。

摇篮抱：摇篮抱就是横抱，是抱新生儿最常用的方法。由于新生儿全身软绵绵的，横抱是最佳姿势。将婴儿的头放在成人的左臂弯里，成人用肘部护着婴儿的头，成人另一只手托住婴儿的屁股和腰部，这样可以最大限度地支撑婴儿的身体。这种方法抱婴儿，成人可以很好地与婴儿进行眼神交流，而且不用担心婴儿的头部会摇晃。

图1-6　面对面抱

面对面抱：成人一只手前举托住婴儿的头部和颈部，另一只手托住婴儿的臀部，使得婴儿能看到自己。面对面的抱法更适合亲子互动。成人可以对着婴儿微笑或者做鬼脸，或者和婴儿说说话。

竖抱：需要小心地支撑婴儿的头部和颈部。成人用一只手温柔地托住婴儿的头部和颈部，另一只手臂则托住婴儿的臀部。让婴儿尽可能贴近成人的肩部和胸部，婴儿能够获得安全感。

（3）听声音有反应

婴儿仰卧，家长在其一侧耳朵上方10～15厘米处轻摇铜铃，婴儿听到铃声会有反应。

（4）对婴儿说话

家长面对婴儿的脸微笑并对其说话，即使不触碰婴儿的脸或身体，婴儿也能注视家长的脸。

【情景再现】

照顾我的人很多,他们抱我的姿势都不一样,我觉得摇篮抱最舒服。喝完奶,爸爸竖抱着我,让我打嗝,还让我和大家交流。妈妈的剖腹产手术伤口还没完全愈合,这段时间抱我比较少。

随着清醒时间日渐增多,出生第四周的我开始注视爸爸的脸了,开始和爸爸进行眼神的交流。我能注视爸爸几秒钟,爸爸冲我笑,我张开嘴想说话,但我说不出来,我只能用眼睛和爸爸对话。

2. 操作指导

当新生儿醒着的时候,家长可以竖抱着新生儿,或让新生儿仰卧在床上,边轻轻地唱歌边随着节奏拍新生儿,使新生儿感到舒适、快乐。新生儿入睡的时候,可以抱着新生儿轻轻地唱《摇篮曲》,让新生儿听着温柔、甜蜜的歌声进入梦乡。家长要知道,无论什么好听的音乐都不如父母的歌声更让新生儿喜欢。让新生儿欣赏音乐旋律,感受节拍,可以将成人愉快的情绪传递给新生儿。

无论何时,不要大幅度地摇晃新生儿。

三、社区指导性照护服务

新生儿阶段是社区、家庭科学育儿的起始阶段,在相关政府部门的指导和统筹下,社区和医院展开紧密的联系,以保障社区及时了解本辖区内新生儿的情况,并积极开展育儿指导工作。

【情景再现】

7月初,小陈刚刚顺产完,从医院回到租住的小区家中。婆婆特地从老家赶来照顾她,但婆婆的很多"老经验"让她很焦虑。刚到家第一天,就因为要不要给孩子捆厚厚的"蜡烛包"这个问题,她和婆婆产生了分歧。正在此时,社区给小陈打来了电话,预约第二天社区医生上门来访并做育儿指导,并叮嘱她让家里照顾她的老公和婆婆都尽量一起在家,这让头一回带娃手忙脚乱的小陈有了些许期待。

第二天,社区医生到了小陈家,出示了工作证和资质证书,消毒了手部后,给小陈一家示范了喂奶、脐部护理、抚触的方法,讲解了新生儿洗澡的注意点和新生儿黄疸护理注意点等,发放了育儿知识手册,并对他们的一些困惑做了解答,纠正了小陈婆婆一些不科学的做法,同时特别叮嘱小陈的家人:现在家里产妇"最大",除了需要照顾她好好休息之外,还因为现阶段她的身体激素变化,大家需要理解和照顾她的情绪,多关心她,只有妈妈心情好,奶水才会好,宝宝才能吃得好。社区医生的这些指导,让大家不光学会了很多科学育儿方法,心里也踏实了许多,还让婆婆和老公理解了小陈的焦虑情绪,家庭回归了和睦,大家对如何带好宝宝有了更多认识。临走之前,社区医生还拿出手机,把小陈拉进了社区"7月宝妈"微信群,告诉她群里都是本社区和她儿子同一月龄宝宝的妈妈,大家平时可以在群里交流经验,有疑问也可以在群里问社区医生,社区医生会帮大家答疑,社区有育儿培训课,也会在群里通知。

社区医生的这次走访,让小陈的产后焦虑情绪得到了缓解,对带好宝宝这件事充满了信心。

(一) 新生儿护理入户指导

此部分工作大都由卫健委指导下的社区医院医生或社区专业育儿指导师完成,根据本辖区内的新生儿信息,在新生儿从医院出生回家后一周内入户开展第一次新生儿科学喂养和护理指导,首月内完成2次入户指导。

1. 首次入户指导内容

帮助产妇学会正确的哺乳姿势,掌握科学哺乳的基本知识。

指导产妇及其家人掌握护理新生儿的日常注意事项,如脐部消毒、如何洗澡、环境温度控制等。

测量新生儿的身高和体重,检查新生儿的身体状况,测试其抓握反射,观察新生儿的黄疸情况等。

指导产妇及其家人如何给新生儿做抚触。

指导产妇及其家人月子期间的科学护理知识,包括饮食及卫生习惯等。

与照顾新生儿及产妇的家庭成员沟通,提醒家庭成员关注和包容产妇因为激素分泌变化而导致的产后情绪变化,避免产妇产后抑郁。

指导产妇开展简单的产后康复运动。

2. 二次入户指导内容

测量新生儿的身高和体重,观察新生儿黄疸的消退情况,排查病理问题,对新生儿红臀、湿疹、吐奶等常见情况给予护理建议。

询问新生儿的疫苗接种情况并给予指导和建议。

示范和指导如何开展新生儿抚触、黑白卡追视、亲子回应性沟通等。

讲解母乳喂养技巧,指导家长为15天后的新生儿补充维生素D。

询问产妇康复的情况,对常见的产后问题如产妇堵奶引发的乳腺炎症、恶露排出情况等进行科学指导。

引导产妇及其家人积极学习科学育儿知识,增强育儿信心。

(二) 科学育儿线上社群指导

大部分新生儿的母亲会有焦虑情绪,加入线上育儿社群后能通过学习育儿方法、宝妈之间沟通交流等,缓解产妇的育儿焦虑,还可以达成较好地普及科学育儿知识的效果。

此部分工作可由社区医院医生、社区专业育儿指导师、社区社会工作者等专业人员负责组织管理,在入户指导的过程中引导产妇进入科学育儿线上指导社群,组织产妇开展线上学习,传递科学育儿知识。

线上育儿社群的建立是线下入户指导工作的有益补充,为后期指导家庭开展科学育儿工作奠定联络基础。

建立线上育儿社群时应注意以下几点。

按新生儿出生年月建群,如"××年×月宝妈群"。

群内根据新生儿的护理重点开展密集的科学育儿指导工作,如新生儿黄疸的观察及护理、新生儿排便的观察及护理、新生儿脐部的护理、新生儿睡眠习惯的养成、新生儿拍嗝、新生儿抚触、新生儿如何补充维生素 D、新生儿常见疾病的护理、疫苗接种知识指导、新生儿的喂养技巧等。

鼓励宝妈之间相互交流和分享育儿心得,邀请热心及有一定专业知识的宝妈成为群管理员,并订立群规,如禁止广告等。

群内安排专业医生开展指导,并安排固定时段上线答疑,日常可提供紧急呼叫热线以备紧急咨询时使用。

定期组织线上讲座,也可将育儿指导的详细内容录制成一段段 5～10 分钟的视频或音频,定时在群内分享。

(三) 操作指导

新生儿护理入户指导工作非常重要,是帮助产妇家庭建立科学育儿信心和认知的工作。社区工作人员入户的基本工作程序有以下几点。

提前 1～2 天预约并确认入户的时间,在产妇到家后一周内安排走访,告知需要产妇及其家人共同参与。

入户后讲明来意,出示社区服务说明,出示身份证明和工牌、专业资质证件等。

穿上鞋套,清洁和消毒双手及工具。

开展新生儿护理、母乳喂养和产妇产后康复指导工作。

与产妇及其家庭成员沟通,引导和谐的育儿氛围,增强家庭科学育儿的信心。

发放科学育儿知识手册及普惠物资,提供咨询及联系的方式。

提前预约下次走访的时间,与产妇及其家庭成员告别。

第二节　2～3个月婴儿的家庭照护

2～3个月的婴儿发展迅速,俯卧时能抬头几秒至几十秒,对眼前的玩具或人脸能目不转睛地注视一会儿,能触摸和抓握物体,能笑出声。

一、家庭监护回应式照护

(一)卫生保健

1. 健康照护

2～3个月的婴儿视力水平约为0.02,眼能追随活动的物体,具有聚焦的能力;大便次数较前明显减少;每日奶量需求约为800毫升,但个体差异较大;每日需要睡16～18小时,白天清醒时间约4～6小时,夜晚睡眠时间变长。2～3个月婴儿的体格发育见表1-3。

表1-3　2～3个月婴儿体格发育参考指标[①]

月　龄	体重平均值(千克)		身高平均值(厘米)		头围平均值(厘米)	
	男	女	男	女	男	女
2个月～	6.27	5.75	60.5	59.1	39.7	38.8
3个月～	7.17	6.56	63.3	62.0	41.2	40.2

(1)健康检查

婴儿出生后42天的体检,是婴儿体检中非常重要的一环。这次体检的项目包括体重、身高、头围、胸围、智能发育等。

"42天体检"对于婴儿来说意义重大,因为这是他出院回家后第一次到医院体检。

在评价智能发育时,一般医生会以拉坐和竖抱等方式来观察婴儿竖起头部的情况,通过给予婴儿玩具来测评婴儿手部抓握的情况,用移动的图片或玩具测试婴儿追视的情况,

---

① 本书编写组. 0～3岁婴幼儿托育机构实用指南[M]. 南京:江苏凤凰教育出版社,2019:262.

用摇铃测试婴儿听觉的情况,并询问家长一些关于婴儿发育的问题。如果医生有疑问,还会通过相关的神经和行为测试进一步评价婴儿的发育情况,以便及时采取相应的干预措施。

最后,医生会根据体检结果,对婴儿的生长发育、喂养、护理及异常情况进行指导。

(2)预防接种

在此期间婴儿还需接种两种疫苗,即脊髓灰质炎疫苗和百白破三联疫苗。婴儿满2个月时,要到指定的社区卫生服务中心接种脊髓灰质炎疫苗(口服),这可预防小儿麻痹症。口服脊髓灰质炎疫苗(也称"糖丸")后,最好间隔2～3小时后再喂乳。婴儿在发热、腹泻期间应暂缓接种疫苗,病愈后可补种。接种脊髓灰质炎疫苗全程需要口服三次,即婴儿满3个月时再服第二次,满4个月时服第三次。接种脊髓灰质炎疫苗后,大部分婴儿无异常反应,个别婴儿会有大便次数增多、大便比平常稍稀的情况,且会持续2～3天,只要婴儿无其他不适反应,家长不必焦虑。

婴儿满3个月时还需接种百白破三联疫苗第一针(注射),这种疫苗可预防白喉、百日咳和破伤风三种疾病。当婴儿患病、发热、有严重湿疹时,最好暂缓接种百白破三联疫苗。接种该疫苗后,很多婴儿会轻微发热,烦躁不安,注射当晚睡眠不好,易惊醒哭闹;如发热未超过39摄氏度,无抽筋等反应,可不做处理,一般经过2～3天即可自愈。

(3)预防佝偻病

由于体内维生素D不足而引起的全身性钙、磷代谢失常和骨骼改变,即为维生素D缺乏性佝偻病。患儿表现为免疫力下降,易反复发生呼吸道感染、消化功能紊乱,且情绪不稳,爱哭易惊。维生素D和钙是预防佝偻病的重要营养素。

由于新生儿期的婴儿很少外出晒太阳,故婴儿出生二周后可口服维生素D制剂并持续到2岁,每日补充400国际单位(IU)或遵医嘱。冬春季婴儿大多在室内活动,接受日照较少,且膳食中所含维生素有限,故需补充维生素D制剂。如果是夏秋季,婴儿每天晒会儿太阳(在树荫下,而非暴晒),可暂不补充维生素D。

如果是纯母乳喂养,且乳母在孕期注意补钙,哺乳期膳食平衡,母乳钙测定正常,那么可以暂不给婴儿补钙,额外补钙可能反而会干扰婴儿钙代谢的过程。若婴儿已患佝偻病,应在医生指导下用药。

【情景再现】

我定时去体检和接种疫苗

我出生42天去医院体检,医生给我测量身高、体重、头围,做了抽血、听诊等各项检查。

我出生3个月,医生给我注射百白破三联疫苗。当时,我还不知道害怕,医生给我打针,把针扎进肌肉里好一会儿我才知道疼。我哇哇大哭,但过一会儿又不疼了。

图1-7　量身高、体重　　图1-8　仪器检查　　图1-9　抽血　　图1-10　接种疫苗

2. 操作指导

3个月的婴儿可以:

- 俯卧时能抬头,抱坐时头部较稳定地竖起;
- 能把小手放进嘴里,能伸手摸东西;
- 喜欢看妈妈的脸,看到妈妈就高兴;
- 眼睛能盯着某个物体看;
- 会笑出声,会叫,能应答性发声;
- 能以不同的哭声表达不同的需要;
- 喜欢让熟悉的人抱,吃奶时发出高兴的声音。

如果3个月的婴儿能做到以上所有内容,那就说明孩子发展得很不错!

如果有2～3项未能做到,那就要多做相关练习;如果有一半都没有做到,那就要加把劲;如果又经过1～2月的努力还做不到,就要求助于医生了。

发展警示:如果婴儿的身高、体重、头围没有逐渐增加,不会对别人微笑,两只眼睛不能追视物体,不能转头寻找声音来源,抱坐时头部不稳定,那就需要及时就医。

(二) 生活照料

1. 营养

(1) 婴儿的奶量

此时婴儿的吮吸能力大大加强,而有的妈妈可能会出现母乳逐渐减少的情况,因此,此时不但要关注婴儿的奶量,还要注意母乳的质量,母亲要加强营养,以提高母乳的质量。

表 1-4 1～3 月龄婴儿的奶量

月 龄	奶量（毫升/日）	每日喂哺次数
1	500～700	8～12
2	650～800	6～12
3	800～1 000	6～8

如果可以,喂奶间隔时间逐步延长一些。每隔 3～4 小时喂一次,逐渐养成规律。为了给添加辅食做准备,还可以用勺子喂婴儿喝少量水。

（2）如何判断婴儿吃饱了

若婴儿已吃饱,会有满足的神情,很安静,体重增长较快,每日排便 2～3 次,且是黄色软便。若没有吃饱,婴儿常有不满足的表现,如哭闹不安、四处张望,体重不增或增长慢,大便色泽偏绿色。

（3）补钙

除了常抱婴儿到室外晒太阳外,还应根据体检结果,遵医嘱给婴儿适当补充钙和维生素 D。

2. 睡眠

这个时期的婴儿每天需要睡 16～18 小时,白天清醒时间约为 4～6 小时,夜晚睡眠时间变长。尽管依然经常出现白天睡觉、夜晚兴奋的状况,但这时婴儿体内的生物钟已经可以按照一天 24 小时进行调整了。

此阶段婴儿白天也能睡 2 次(上下午各一次)。要让婴儿自然入睡,不拍不摇、不搂不抱,不要养成含奶头、咬被角入睡等不良习惯。4 个月以后可以逐渐减少夜间喂奶次数。

3. 生活卫生习惯

家长要逐步帮助婴儿建立有规律的生活作息。

此阶段婴儿的大便次数较前明显减少,排尿次数因人而异,一般在刚睡醒或吃完奶后最有尿意。大便可以真实地反映婴儿的身体状况,家长可以通过观察婴儿粪便来判断婴儿的喂养情况。一般而言,母乳喂养的婴儿的粪便多为黄色糊状,而且一天排便次数较多。

经常给婴儿洗澡,除了避开喂奶前后 1 小时之外,在婴儿身体舒适的时间都可以洗,但是要保证每日基本在同一时间段洗澡。洗澡的时间要短,以 5～10 分钟为宜。洗澡会让婴儿感觉很舒服,同时也有助于睡眠。

婴儿的日常用品如奶瓶、水杯、勺子等应先清洗,后用蒸煮的方法消毒。衣服、毛巾、被褥和其他床上用品可通过阳光照射进行消毒。婴儿用品不用消毒剂消毒,室内地面也不宜用消毒剂,通过开窗通风,就能达到消毒室内空气的目的。

家长除了要帮助婴儿养成规律作息的习惯,还要和婴儿有情感上的交流,如喂奶的时候要和婴儿对视,要充满爱意地和婴儿说话。3个月的婴儿已有初步的社会交往能力,他们对妈妈的声音和脸格外感兴趣,因此妈妈要经常亲亲孩子,抱抱孩子,看着孩子说话,有意识地进行目光接触,以建立良好的亲子关系。

【情景再现】

每天妈妈给我喂奶的时候,是我最幸福的时光。我现在比以前吃得多了,睡得比以前少了,一昼夜睡16～18小时。妈妈每天给我洗澡、换衣服、换尿布……我喜欢妈妈给我洗澡,我看着妈妈,听妈妈跟我说话。洗完澡妈妈给我做抚触,做完抚触,妈妈一边给我穿衣服,一边说"小胳膊钻山洞"了……换尿布时,妈妈从来没嫌弃我的"臭臭",还夸我大小便正常。我越来越喜欢妈妈了,喜欢看她的脸,喜欢听她的声音,喜欢闻她身上的味道,我看见妈妈就笑。(这个时期的婴儿开始有意识地与妈妈交流了,这是婴儿建立安全依恋、信任感的关键时期)。

4. 操作指导

婴儿在出生1个月以后就可以适当地晒太阳。晒太阳可以促进婴儿的血液循环,增强钙的吸收,还可以增进食欲,提高睡眠质量,可谓一举多得。婴儿晒太阳要注意以下细节。

开始时,每次晒太阳5～10分钟较为适宜,待婴儿适应后,再逐渐延长晒太阳的时间。冬季晒太阳时,应注意保暖。同时,可让婴儿适当接受一些冷空气的刺激,以增强自身抵抗力。

晒太阳时不要给婴儿穿太多衣服。婴儿穿得太厚,很难达到晒太阳的目的,应选择宽松、柔软的纯棉衣物。晒太阳时,可以给婴儿戴一顶有帽檐的小帽子,因为婴儿毛发稀疏,颅骨骨板薄,对紫外线的抵抗力较差,视力也尚弱,帽子可以起到一定的保护作用。

不建议隔着玻璃晒太阳,玻璃会阻挡阳光中50%～70%的紫外线。人体的皮肤中含有7-脱氢胆固醇,它在紫外线的照射下可转化为维生素D,促进钙的吸收。如果担心婴儿吹风感冒,可选择在背风地带晒太阳,如宽敞的阳台等。

很多人以为晒太阳时间越长越好,其实不然,一定要循序渐进。如发现婴儿皮肤发红、出汗过多、脉搏加速,应立即停止晒太阳。

二、家庭早期学习机会适宜性照护

(一) 动作发展

1. 动作发展重点

2～3个月的婴儿被抱着时,头会竖直并向四周张望,头能随着看到的物品或听到的声音转动180度;俯卧时抬头45度;逐渐能从仰卧位变为侧卧位;手指能放开,能伸手摸东西;上肢能够伸展,两手能在胸前接触、互握。

此阶段应重点锻炼婴儿颈部肌肉和背部肌肉的力量,增强婴儿的握力、臂力和腰部力量。

结合《0岁～6岁儿童发育行为评估量表》中2～3月龄婴儿动作测评项目,可以指导家长与2～3月龄婴儿开展亲子互动。

俯卧头抬离床面(2月龄):婴儿脸向下趴在床上,双臂放在头两侧,家长用玩具逗引婴儿俯卧抬头。婴儿能挺胸、头抬离床面,并能坚持10秒左右。

拉手坐起头短时竖直(2月龄):婴儿仰卧,家长将双手拇指置于婴儿双手掌心,其余四指握住婴儿的手,轻轻拉婴儿坐起(如婴儿还无法坐起,不要勉强),观察婴儿控制头部的能力。在拉起的过程中婴儿头可自行竖直,保持5秒左右。

俯卧抬头45度(3月龄):婴儿脸向下趴在床上,前臂屈曲支撑在头两侧,家长在前方逗引婴儿,婴儿能用双手手臂支撑,头离开床面呈45度,并能坚持30秒左右。

侧翻身练习(3月龄):家长将婴儿放在硬板床上,让其右侧卧,把婴儿左腿放在右腿上并轻推婴儿左肩,促使婴儿学着翻身。还可让婴儿左侧卧,家长拿着玩具站在婴儿左侧,逗引婴儿翻身。每日可练习2～3次,左右翻身各1～2次。

花铃棒留握(3月龄):婴儿仰卧或侧卧,将较轻的花铃棒放入婴儿手中,婴儿能握住花铃棒30秒左右。

【情景再现】

我刚开始练习抵足爬行时还很费劲。我快3个月时爸爸想了个办法,让我俯卧在床上,在我胸前垫个U型枕,我不仅能练抬头,还能看看周围,一举两得。满3个月时,我终于能用两只手臂支撑自己抬头45度了,这是不小的进步。

我斜躺在床上,妈妈把她的手指放进我手心里,我紧紧地抓住她的手指不放,她轻轻地把我往前拉,我的颈部竟然可以支撑头部,她拉我坐了片刻,然后慢慢地把我放回去。这个过程对我来说有点惊险,也有点辛苦。

图1-11　借助U型枕抬头　　　图1-12　拉手坐起　　　图1-13　努力练习翻身

俗语说"三翻、六坐、八爬、周会走",我 3 个月时在床上仰卧,身体会偏向一侧,我的小脚会经常翘起,稍一使劲就能翻过身来。刚开始还不够熟练,妈妈在我的背部推一把,我就翻过来了。她还用玩具逗我,让我翻身。为了让我练习翻身,她还想办法,把我放在浴巾上,她和爸爸拉住浴巾的 4 个角,一边说"炒,炒,炒豆豆",一边让我在里面慢慢翻滚。可惜他们忘记拍照了,太遗憾了。

2. 操作指导

(1) 荡秋千

在床上铺一条大浴巾,让婴儿仰卧在浴巾中央,两位家长拉住浴巾四角,抬起浴巾,边念儿歌边左右轻轻晃动浴巾:"荡秋千,荡秋千,荡到左,荡到右,荡到床上翻跟头。"让婴儿随着儿歌节奏荡漾,会使婴儿感到非常愉快,并锻炼其平衡能力。注意摇晃幅度不要太大,以免让婴儿感到害怕。

(2) 翻身游戏

在床上铺一块大浴巾,让婴儿躺在浴巾的中间,两位家长拉着浴巾的四个角,让婴儿在浴巾里慢慢翻滚。家长还可以同时念儿歌:"炒,炒,炒豆豆,炒得豆豆真舒服。红豆豆,绿豆豆,宝宝是个小豆豆。"

(二) 适应能力

1. 适应能力(包括语言、认知)重点

2～3 个月的婴儿开始能辨别不同人的说话声;哭声逐渐减少,并开始分化;对成人逗引有反应,会发出"咕咕"声,而且会发"a""o""e"的音;能感知色彩;对对比强烈的图案有反应;眼睛能立刻注意到面前的大玩具,并能追视;开始能将声音和形象联系起来,试图找出声音的来源;能注视自己的手。

此阶段应重点促进婴儿的视觉发展、专注力发展,增进亲子情感。

结合《0 岁～6 岁儿童发育行为评估量表》中 2～3 月龄婴儿适应能力测评项目,可以指导家长与 2～3 月龄的婴儿开展亲子互动。

眼跟红球上下移动(2 月龄):婴儿仰卧,家长提起红球在婴儿脸部上方约 20 厘米处轻轻晃动以引起婴儿注意。先慢慢将红球向婴儿头顶上方移动,然后再从头顶上方向下颚处移动,婴儿眼睛能跟随红球。

即刻注意大玩具(2 月龄):婴儿仰卧,家长手拿娃娃在婴儿脸部上方 20 厘米处晃动,婴儿可立刻注意到娃娃。

眼跟红球 180 度(3 月龄):婴儿仰卧,家长手提红球在婴儿脸部上方约 20 厘米处轻轻晃

动以引起婴儿注意,然后把红球慢慢移动到婴儿头部的一侧,再慢慢移向头部的另一侧。婴儿眼及头部能跟随红球转动180度。

即刻注意胸前玩具(3月龄):婴儿仰卧,家长将娃娃放在婴儿腿部上方约20厘米处自下向上移动。当娃娃到婴儿胸部上方时,婴儿能立即注意到娃娃。

【情景再现】

每天洗澡之后,我都要做抚触,刚开始时我不喜欢,但现在我很享受。

一个月前,妈妈训练我看红球,我就是不懂怎么配合。现在,我开窍了。我半躺在床上,先盯着球看,然后眼睛会跟着球移动。爸爸得知后很兴奋,他又来验证了一下。

2. 操作指导

婴儿抚触可以刺激婴儿的触觉发展,促进亲子交流。

面颊抚触:成人双手拇指放在婴儿前额眉间,用指腹从额头轻柔向外平推至太阳穴。成人双手拇指从婴儿下巴处沿着脸的轮廓往外往上推压,至耳垂处停止。家长可以边抚触边念:"小脸蛋,真可爱,摸一摸,更好看。"

抚摸耳垂:成人用拇指和食指轻轻按压婴儿的耳朵,从最上面按到耳垂处,然后再不断揉捏。家长可以边抚触边念:"小耳朵,拉一拉,说说话,宝宝乐。"

胸腹部抚触:成人左手从婴儿胸腹部右侧轻轻抚摸至婴儿左肩,注意避开乳头,成人右手从婴儿胸腹部左侧轻轻抚摸至婴儿右肩,注意避开乳头。反复几次。再绕着婴儿的肚脐,成人用手轻轻顺时针打圈按摩,这个动作有助于消化。家长可以边抚触边念:"摸摸胸口,摸摸肚,宝宝长高又壮壮!"

手臂伸展抚触:成人双手从上往下揉捏搓滚婴儿的手臂,最后按按婴儿的掌心,捋捋婴儿的手指。家长可以边抚触边念:"搓搓小手臂,宝宝长大有力气。"

下肢抚触:和按摩手臂一样,成人双手从上至下揉搓婴儿的双腿。最后再按一按脚掌,捋一捋脚趾。家长可以边抚触边念:"宝宝会跑又会跳,大家一起乐陶陶。"

背部抚触:让婴儿趴卧,面朝下背朝上,婴儿会自然地抬头,这是很好的锻炼,也是儿科医生在体检中会检查的一项。顺着婴儿的脊柱,成人双手由内向外推进行按摩。家长可以边抚触边念:"摸摸宝宝的背,宝宝挺直背,笑哈哈,不怕累。"

做婴儿抚触时避开喂奶前后1小时。在温暖的房间里,将婴儿平放在床上,尽量脱去衣服、鞋袜、帽子,家长双手洗净,涂一些润肤油,用温暖的双手给婴儿进行全身抚触。每次不少于10分钟,每天2次。做抚触时,成人要用全手掌贴住婴儿的皮肤,使婴儿的皮肤得到触

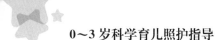

觉刺激,进而促进大脑的发育。

(三) 情感与社会性发展

1. 情感与社会性发展重点

2～3个月的婴儿能忍受喂奶过程中的短时间停顿;逗引时会出现动嘴巴、伸舌头、微笑和摆动身体等反应;看见熟悉的家人会笑、发声或挥手蹬脚,表现出快乐的神情;表现出对母亲的偏爱。

此阶段应重点关注婴儿逗引时是否爱笑,是否有互动反应。家长应多与婴儿互动,以增进亲子感情。

结合《0岁～6岁儿童发育行为评估量表》中2～3月龄婴儿情感与社会性测评项目,可以指导家长与2～3月龄婴儿开展亲子互动。

逗引时有反应(2月龄):婴儿仰卧,家长弯腰对婴儿微笑或说话,婴儿会出现微笑、发声、手脚乱动等反应。

见人会笑(3月龄):家长面对婴儿,做出接近性的社交行为或动作,婴儿见到人会自行笑起来。

喜欢东张西望(3月龄):婴儿清醒时,眼睛会东张西望。

2～3个月的婴儿开始喜欢注视人脸,他们有意愿和成人交流,成人可多与婴儿讲话、互动,并仔细观察婴儿的眼神、面部表情和肢体动作。

【情景再现】

我开始跟妈妈交流了。她经常逗我,我眼睛看着她,想跟她对话,可是还不会说话,不过我的表情一直在变化。

2. 操作指导

家长把婴儿抱在怀里,和婴儿面对面,家长一边念儿歌"一个小孩怀里抱,粉面团团长得俏,一逗他一笑,两逗他两笑,不逗他不笑,老逗他老笑,笑! 笑! 笑!",一边用手指轻点婴儿的身体各部位和小脸蛋。

第三节 4～6个月婴儿的家庭照护

经过3个月,婴儿基本适应了有规律的生活,熟悉妈妈等经常照顾他的人。4个月开始,婴儿的增长速度稍缓于前3个月。婴儿的脸红润而光滑,变得更可爱了,体格进一步发育,神经系统日趋成熟。4～6个月的婴儿能够翻身、坐起;喜欢有人逗他玩,遇到任何物品都想用小手摸一摸,放到嘴里咬一咬;喜欢被抱到户外;还会以可爱甜蜜的微笑来回应他人。

一、家庭监护回应式照护

(一)卫生保健

1. 健康照护

4～6个月的婴儿能看清约75厘米远的物体,视力水平约为0.04;开始长出乳前牙;大便每天1～3次;流相当多的唾液;大多数婴儿后半夜已经无需喂奶,能一觉睡到天亮。4～6个月婴儿的体格发育见表1-5。

表1-5 4～6个月婴儿体格发育参考指标[1]

月 龄	体重平均值(千克)		身高平均值(厘米)		头围平均值(厘米)	
	男	女	男	女	男	女
4个月～	7.76	7.16	65.7	64.2	42.2	41.2
5个月～	8.32	7.65	67.8	66.1	43.2	42.1
6个月～	8.75	8.13	69.8	68.1	44.2	43.1

(1)健康检查

婴儿在出生后4～6个月还会经历2次体检。其中6个月的体验项目较多,包括称体重、量身高、量头围、量胸围、验视力、测听力、检查动作发育、检查口腔、评价智能发育、检查血常规和微量元素、检查骨骼发育等。

检查口腔:婴儿乳牙的萌出时间具有较大的个体差异,过早萌出或延迟萌出,都会对婴儿牙齿发育和辅食添加造成影响。一般婴儿6～10个月开始萌出乳牙,医生会查看婴儿的出牙状况,并给予相应的养育指导意见。

评价智能发育:6个月的婴儿已经能灵活地翻身;独自坐着时较稳定而持久,还能向各个方向转动;扶着腋下可以主动迈步;玩具能在两手之间传递;叫名字有反应;偶尔会模仿发音,甚至可以说出"爸,妈,打"等发音;能够理解语言和动作及物品之间的联系;怕生反应明显。医生会依据以上几个方面观察婴儿的反应,并给予家长指导意见。

检查血常规:如果母亲孕期存在贫血,做血常规检查可以帮助家长了解婴儿是否贫血,如果贫血应适当补充铁剂。

检查微量元素：主要检查婴儿血液中钙、铁、锌、硒、铜、镁和铅的含量。婴儿出生后6个月内，从母体中带来的各种微量元素是较为充分的，因此不必做微量元素检查；6个月以后，之前由母体提供的微量元素已消耗殆尽，有可能出现微量元素缺乏的现象，因此需要做微量元素检查，若出现缺乏微量元素的情况应遵医嘱适当补充。

部分6个月大的婴儿已经开始出牙，经常会有"口水横流"和磨牙等情况，家长要给婴儿做好口腔清洁工作，防止婴儿患上口周湿疹和龋齿等。通过体检，医生可以对婴儿的生长发育、口腔发育状况进行评估，并对喂养、营养、护理等进行指导。婴儿若有发育异常，应及时到医院就诊。

（2）预防接种

这个年龄段的婴儿需要在前期免疫接种的基础上，完成乙肝疫苗、脊髓灰质炎疫苗和百白破三联疫苗的接种，并可开始流行性脑脊髓膜炎疫苗的接种。

在婴儿满4个月时要口服接种第三剂脊髓灰质炎疫苗；接种百白破三联疫苗第二针；满5个月时接种百白破三联疫苗第三针；满6个月时接种乙肝疫苗第三针和流脑A群疫苗第一针。只有全程足量接种疫苗，才能有效地预防相关疾病。

（3）预防疾病

缺铁性贫血：缺铁性贫血是由于铁的摄入量不足，血红蛋白合成减少所致。缺铁性贫血大多起病缓慢，易被家长忽视。常见症状包括婴儿精神不振、不爱活动，生长发育迟缓，反复感染，严重的甚至会影响婴儿的智能发育。家长要定期带婴儿进行健康检查。6个月后，婴儿应科学添加辅食，如蛋黄、含铁米粉等。如果婴儿患有贫血，应在医生的指导下口服铁剂，服用铁剂时可能会出现大便变黑、牙齿发黑，但停药后症状就会消失。

长牙不适：婴儿一般约6个月时开始萌出乳牙。长牙时的个体差异较大，有的婴儿没有任何不适，有的婴儿会出现不同程度的烦躁、流口水、磨牙、咬人甚至发热。如婴儿发热不超过39摄氏度，精神良好，食欲旺盛，就无需特殊处理，可让婴儿多喝些开水，一段时间后可自行缓解。此外，还可以让婴儿咀嚼苹果条，水煮后的芹菜条等，一方面缓解不适，另一方面训练婴儿的咀嚼能力。等牙齿都长出来，以上症状就会消失。长牙时，婴儿会流口水，这是正常现象。等婴儿一周岁左右，随口腔深度增加，吞咽功能逐渐完善，流口水的现象会慢慢消失。

食物过敏：婴儿期是食物过敏的高发期，尤其是6个月开始添加辅食时，婴儿可能会对食物中异体蛋白质不适进而导致过敏。食物过敏最常见的是皮肤反应，如湿疹、丘疹、荨麻疹等；也有消化道反应，如持续性腹泻、呕吐、腹痛、便血等；还有的是呼吸道反应，如咳嗽、喉痒、口唇肿胀、过敏性鼻炎等。因此，家长应科学添加辅食，以避免或减少婴儿食物过敏的发生。

2. 安全照护

很多母亲在休完产假后要去上班了,要坚持母乳喂养就需要"背奶"。母亲挤奶时要注意乳房清洁和手的清洁。挤出的母乳应存放在干净的容器内或特制的乳袋中,冰箱冷藏(0～4摄氏度)存储不超过48小时,冷冻(零下20摄氏度)存储2～3个月。喂养前,保存的母乳可用温水加热至40摄氏度左右,切不可用微波炉等加热。也可以用40摄氏度的温开水配制配方奶,配制好的奶液应立即食用,未喝完的奶液建议尽快丢弃。制作辅食时应保持食物清洁,食物应保存在适宜的温度范围内,用洁净的水清洗食物原料,制作食物时做到生熟食物分开,食物要彻底煮熟。避免给婴儿吃果冻、整颗的葡萄等,以免堵住呼吸道发生窒息。

【情景再现】

这次体检我很配合。医生检查我的口腔,还让我听声音,检查我的听觉功能。当然,身高、体重、头围检查是少不了的。检查完了,我的各项指标都正常,医生夸我发育得不错。

3. 操作指导

6个月的婴儿可以:

- 翻身,靠着东西能坐或能独自坐稳;
- 会紧握铃铛,主动拿玩具、拿着东西就放嘴里咬;
- 喜欢玩脚和脚趾;
- 喜欢看颜色鲜艳的东西,会盯着移动的物体看;
- 会大声笑,会自己发出"o""a"等声音,喜欢别人跟他说话;
- 开始认生,认识亲近的人,见陌生人就哭;
- 会故意扔东西或摔东西;
- 喜欢与大人玩"躲猫猫"游戏;
- 对周围各种物品感兴趣;
- 能区分他人说话的语气,受到批评会哭;
- 有明显的害怕、焦虑、哭闹等反应。

如果以上内容6个月的婴儿都能做到,那说明孩子发展得很不错。

如果孩子有2～3项未能达到,那就要多做相关练习;如果有一半都没有达到,那就要加把劲;如果又经过1～2月的努力还未能达到,就要求助于医生了。

发展警示:若4～6个月的婴儿不会用手抓东西,体重、身高不增长,不会翻身,不会笑,要赶紧就医。

（二）生活照料

1.营养

与前3个月相比,婴儿现在的胃口大多了。每日奶量增加到800～1 000毫升,每天需要喂多次。

（1）添加辅食的重要性

6个月后,单纯从母乳或配方奶中获得的营养成分已经不能满足婴儿生长发育的需求,必须添加辅食,让婴儿及时摄取均衡、充足的营养,满足生长发育的需求。

婴儿辅食又称"断奶食品",并不仅仅指婴儿断奶时所用的食品,而是指从单一的乳汁喂养到完全断奶这段时间内所添加的"过渡食品"。从习惯吸食乳汁到吃固体食物,婴儿需要有一个逐渐适应的过程。从吮吸到咀嚼、吞咽,婴儿需要学习另外一种进食方式,这一般需要半年或者更长的时间。

随着婴儿不断长大,他的牙黏膜也逐渐变得坚韧起来,他能学着用牙龈或牙齿去咀嚼食物。咀嚼有利于颌骨发育和乳牙萌出。

在添加辅食前夕,可以允许婴儿咬东西,吃手指,鼓励婴儿模仿成人的进食行为,用勺子给他喂水。

（2）添加辅食的时机

挺舌反射是婴儿与生俱来的一种能力,它的作用是防止外来异物进入婴儿喉部,从而预防窒息。在存在挺舌反射的情况下,喂入婴儿口中的糊状食物会被吐出来。从4个月左右开始,婴儿的挺舌反射会自动消失,添加辅食才有可能。

一般来说,婴儿体重超过7千克后,消化系统发育才较成熟,有多种消化酶,有咀嚼与吞咽能力等。

婴儿6个月大时添加辅食较为合适。不能太早添加辅食,那时婴儿的消化系统不成熟,容易出现消化不良,而且出现食物过敏的风险较大;太晚也存在隐患,婴儿可能出现缺铁性贫血,以及排斥固体食物的情况。

（3）辅食添加顺序

给婴儿添加辅食应先流食,后半流食,最后才是固体食物;先添加容易消化的食物,后添加不易消化的食物。

婴儿添加辅食的初始阶段,辅食多为家庭自制的富含营养素的糊状食物,包括添加强化铁的米粉、蛋黄、水果泥、根茎类或瓜豆类的蔬菜泥等。

（4）辅食添加的原则

从一种食物到多种食物:不可一次给婴儿添加好几种从没有尝试过的食物,那样很容易引起不良反应。每次只添加一种新的食物,如果3～5天内婴儿没有出现不良反应,排便正常,才可以让婴儿尝试另外一种新的食物。

从流质食物到固体食物:按照流质食物—半流质食物—固体食物的顺序添加辅食。如果一开始就给婴儿添加固体或半固体食物,婴儿的肠胃无法负担,难以消化,会导致腹泻。

从少到多:第一次尝试新食物,只给婴儿喂一两勺,下一次尝试四五勺,再到小半碗。刚开始添加辅食的时候,每天喂一次,如果婴儿没有出现抗拒的反应,可慢慢增加喂食次数。

不宜久吃糊状食物:如果长时间给婴儿吃糊状食物,会使婴儿错过发展咀嚼能力的关键期。咀嚼敏感期一般在婴儿6个月左右开始出现,家长应提供机会让婴儿学习咀嚼。

辅食不可替代乳类:有的人认为婴儿既然已经可以吃辅食了,那就从6个月开始减少婴儿摄入母乳或配方奶的量。这种观点是错误的。这时婴儿仍以母乳或配方奶为主食,辅食只能作为一种补充,可在每次喂乳后添加辅食,或者替代一次喂乳。

遇到不适即停止:给婴儿添加辅食的时候,如果婴儿出现过敏、腹泻或大便里有较多黏液等状况,要立即停止给婴儿喂辅食,待其恢复正常后再继续,但要注意引发过敏反应的食物不可再添加。

不要添加调料:这个阶段的辅食中不应加盐、糖等调料,以免养成婴儿嗜盐或嗜糖的不良习惯。更不宜添加味精和人工色素等,以免增加婴儿肾脏的负担,损害肾功能。

创设愉快的进食氛围:选在婴儿心情愉快和清醒的时候喂辅食,当婴儿表示不愿吃时,可先和婴儿玩一玩,做做游戏,切不可采用强迫手段。如果婴儿在接受辅食时心理受挫,会给他今后进食带来很多负面影响。

(5)坚持母乳喂养

母乳对婴儿的发育和免疫力有重要作用,母乳中的多种免疫球蛋白能够帮助婴儿抵御致病菌;乳糖和低聚糖有利于婴儿尽早建立健康的肠道生态环境,促进免疫系统发育。因此,建议6个月内的婴儿坚持纯母乳喂养,世界卫生组织建议母乳可喂至2岁或2岁以上。

(6)注意婴儿的消化吸收

4～6个月的婴儿的胃容量增大了,胃液、胃消化酶的分泌也增多;肝脏功能日渐完善,胆汁分泌增加,对脂肪的消化能力增强。婴儿的消化吸收能力大大增强。

2. 睡眠

婴儿4个月后可逐渐减少白天的睡眠次数,即白天只睡1～2次。夜间如婴儿不醒,尽量不要惊动他。夜间视婴儿需要进行哺喂,一般1次即可,若婴儿夜间不醒或不愿进食,可不哺喂。

3. 生活卫生

婴儿每天的排尿次数、排尿时间间隔因人而异,一般在刚睡醒、吃完奶后最有尿意。大便每天2～3次。

固定每天的洗澡时间。最晚也要在晚上8点以前洗澡,按照洗澡—喂奶—睡觉的流程,以"21点能熟睡"为目标。如果洗澡后婴儿兴奋得难以入睡,就要试着把洗澡时间调得再早一点。

婴儿穿衣服厚薄要适宜,一般夏天婴儿比成人穿得少,冬天比成人穿得多。判断婴儿穿的衣服是否合适,可摸一下他的后颈部,如果是温暖无汗的就说明穿着适当,如果婴儿的后颈部发凉,就说明穿着偏少。在一天内,视室温变化适当给婴儿增减衣物。让婴儿适当少穿一些,也是一种锻炼。婴儿穿的衣服可适当宽大一些。

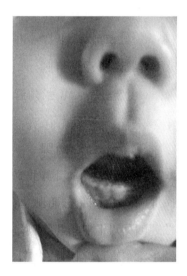

图1-14 开始长牙

【情景再现】

4个月以后,我后半夜就不想吃奶了,能几乎睡整个晚上。5个月时我感到嘴巴里痒痒的,原来快长牙了。快6个月时,我的下门牙已经长出两颗,妈妈给我买了磨牙玩具,每天洗干净给我,我牙齿痒的时候就啃磨牙玩具,我很喜欢这个玩具。

妈妈给我买了宝宝椅、专用的黄色小碗和粉红色的小勺。我吃的第一口辅食是糊状食物——富含铁的婴儿营养米粉。妈妈用小勺喂我,慢慢地,我习惯每天吃辅食,有米糊、菜泥、果泥,味道很不错哦。

4. 操作指导

家长应观察婴儿的生长发育及健康状况,确定添加辅食的时间。如果婴儿对成人的食物感兴趣,可以维持坐着的姿势,挺舌反射消失,能吞咽食物,那么就可以开始考虑添加辅食。

添加辅食可先从米粉开始。用小勺给婴儿吃富含铁的婴儿营养米粉,从1～2勺逐渐增至1餐,以满足婴儿对铁的需求。之后逐渐增加菜泥、果泥,观察婴儿有无过敏反应。接着,适当加入蛋黄泥、鱼泥、肝泥或固体食物,观察婴儿的反应。

家长可以把白天的某一次喂奶时间设定为辅食时间,尽量保证每天在同一时间喂婴儿辅食,以喂辅食为中心建立或调整一天的作息。

家长可以在家中制作一些辅食。

果汁(或番茄汁):将新鲜水果(或番茄)洗净后用开水烫去果皮,再用榨汁机或汤匙将果汁挤出即可。

果泥：将水果（如苹果、香蕉、梨等）洗净去皮后，果肉经擦板擦碎的细粒即果泥。也可使用食品加工机将水果打碎经纱布过滤，制成的新鲜果泥可直接用小勺喂食。

菜汤和菜泥：将蔬菜（如白菜、菜花、青菜或菠菜等）洗净，在开水中焯一下即取出，切碎后用水煮沸3～5分钟。上层清汁为菜汤，下层粗渣压碎，过粗筛后的细粒即可用于制作菜泥。

土豆泥、胡萝卜泥：将土豆或胡萝卜洗净去皮切成小块后，放入压力锅中煮沸，或在普通锅煮沸后用文火再煮数分钟。取出后将土豆块或胡萝卜块压碎，即成土豆泥或萝卜泥，也可再加少量水和奶，蒸后即可喂食。

蛋黄泥：将鸡（鸭）蛋煮熟后剥出蛋黄，食用时用匙压成泥状，加入其他辅食中即可。

婴儿刚添加辅食时宜量少、品种多，要求原料新鲜、制作过程清洁卫生、符合营养要求。市售商品很难满足上述要求，因此，以家庭自制为主。为婴儿制作的辅食，不应添加任何调味料。

二、家庭早期学习机会适宜性照护

（一）大肢体动作发展

1. 大肢体动作发展重点

4～6个月的婴儿逐渐能从仰卧位翻身到俯卧位；靠着支撑物坐时能坐稳，独自坐时身体稍前倾，并能用手撑住；扶腋下能站直，双腿跳跃；能换手接物，但稍显笨拙。

此阶段应重点增强婴儿的握力、臂力和腰部力量，为婴儿独自坐做准备。

结合《0岁～6岁儿童发育行为评估量表》中4～6月龄婴儿的大肢体动作测评项目，可以指导家长与4～6月龄婴儿开展亲子互动。

扶腋下可站片刻（4月龄）：家长双手扶婴儿腋下，将婴儿置于立位后略放松手的支持，婴儿可用自己双腿支撑大部分体重达2秒或以上。

轻拉手臂即坐起（5月龄）：婴儿仰卧，家长握住婴儿的手臂，轻拉到坐的位置，婴儿自己能主动用力坐起，拉坐过程中无头部后滞现象。

独自坐时头和身体向前倾（5月龄）：家长将婴儿以坐姿置于床上，婴儿能独自坐5秒左右，头和身体向前倾。6个月时，有的婴儿会独自坐片刻。"独自坐"被认为是婴儿生长发育的一个里程碑。因为婴儿的骨骼仍十分稚嫩，故不可让婴儿长时间坐着。

仰卧翻身（6月龄）：婴儿仰卧，家长用玩具逗引其翻身，婴儿可从仰卧位自行翻身至俯卧位。

趴着玩（4～6月龄）：婴儿趴着，练习抬头，抬头时间可以更长些。家长可以站在婴儿头部前方与他讲话，促使婴儿双臂支撑全身，将胸部抬起。

翻滚（4～6月龄）：将玩具放在婴儿体侧伸手够不着的地方，婴儿为够取玩具会先侧翻，接着全身再使劲就会变成俯卧位。这个动作要经常练习,经常翻滚有助于婴儿肌肉关节和左右脑统合能力的发展,为婴儿匍匐前行打基础。

【情景再现】

4个月以后,我能俯卧抬头90度,靠着双臂支撑能自己翻身至仰卧。5个月以后,我翻身动作越发熟练,我仰卧在床上,可以从侧翻变成俯卧。这个阶段爸爸妈妈要注意我的安全哦。

  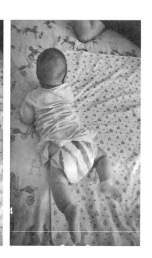

图1-15　我趴着看布书　　　　图1-16　侧翻　　　　　图1-17　翻身成功

我会跟外婆玩游戏"拉一拉,坐一坐",我仰卧,外婆来逗我,她把双手拇指给我,我明白外婆的意思,主动握住外婆的手指。外婆慢慢地把我拉起来,我配合外婆,双手握紧用力,我能坐起来了。5个月,外婆将我放在有拐角的沙发或小椅子上,在我身后放一些垫子让我靠着坐,之后慢慢减少我身后的垫子。看,大人们逗我,给我唱歌、做鬼脸……我时而开怀大笑,时而含蓄地笑。6个月时,妈妈帮我摆好坐的姿势,让我独自坐一小会儿,有时候我会坐不稳,妈妈赶紧把我扶住。

图1-18　拉着坐　　　图1-19　扶着坐　　　图1-20　靠着坐　　　图1-21　独自坐

2. 操作指导

拉手坐起可以锻炼婴儿的上肢力量、腰腹部核心力量、平衡能力等。

婴儿平躺在床上，家长坐在他的脚边，让婴儿双手握住家长双手拇指，鼓励婴儿自己拉着家长的手坐起来："到××这里来，坐起来呀！"

拉婴儿坐起时，他会很高兴，主动抬起自己的头。家长可以同时念儿歌："拉大锯，扯大锯，外婆家，唱大戏，小外孙，也要去。"

温馨提示：拉手坐起可每日练习2～3次。婴儿的脊柱还不够有力，不要让他用力过度或支撑太久，以免脊柱畸形。特别注意不要硬拉，要让婴儿借助成人的力量自己坐起来。

（二）精细动作发展

1. 精细动作发展重点

4～6个月的婴儿能双手拿起面前的玩具；喜欢把东西放入口中；会撕纸；会玩手、抓脚。

此阶段应重点锻炼婴儿手部肌肉的灵活性，促进手眼协调能力的发展。

结合《0岁～6岁儿童发育行为评估量表》中4～6月龄婴儿的精细动作测评项目，可以指导家长与4～6月龄婴儿开展亲子互动。

摇动并注视花铃棒（4月龄）：婴儿坐在家长怀中，家长将花铃棒放入婴儿手中，鼓励婴儿注视花铃棒，并摇动数下。

试图抓物（4月龄）：婴儿仰卧，家长将玩具拿到婴儿能触及的范围内，婴儿会试图抬起手臂或用手抓玩具。

抓住近处玩具（5月龄）：家长让婴儿坐在自己腿上，婴儿手置于桌上。玩具放在婴儿前方桌上，婴儿可用一手或双手抓住玩具。

撕揉纸张（6月龄）：家长将一张打印纸放入婴儿手中，婴儿能抓住纸，并用双手反复揉搓纸张两次或以上，甚至将纸撕破。

抓握积木（6月龄）：家长让婴儿坐在自己腿上，把积木放在婴儿容易够到的桌面上，婴儿会使劲伸出手去触碰积木并抓住积木。

动态抓握（6月龄）：婴儿仰卧或扶着坐，家长用细绳系住吊环、玩具等在婴儿眼前晃动，鼓励婴儿伸手去抓握吊环或玩具。这个游戏比静态抓握难度要大。

主动抓握玩具（6月龄）：一位家长抱着婴儿，另一位家长把玩具放在约1米远处，婴儿会主动尝试去抓握玩具。由于此阶段婴儿的视觉发育还不完善，手眼还不协调，常常抓不准这个距离的物品。

【情景再现】

4个月的我除了睡觉,就是自己趴着玩或躺着玩,我最喜欢大人们抱我坐着玩。如果他们给我一个小摇铃,我会将它抓握在手中,无意识地挥动手臂,小摇铃会发出响声,有时候我会把摇铃的手柄放在嘴里啃。我还喜欢坐在爷爷身上,奶奶拿玩具逗我,玩具好看还有响声,我很喜欢。我还能坐在爷爷的身上看书,我会试图用手抓书。

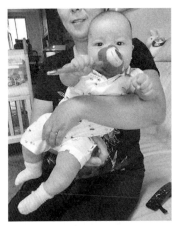 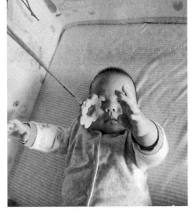

图1-22　抓摇铃　　　　　　　图1-23　抓吊着的玩具

妈妈给我做手眼协调练习,她让我仰卧在床上,在我胸部上方吊一个花朵形状的磨牙玩具,距离我很近。花朵磨牙玩具在我眼前一晃一晃的,我努力用手去抓,妈妈念儿歌:"小红花,飞呀飞,抓抓抓,抓住了。"哈哈,终于抓到了!

2. 操作指导

婴儿仰卧,用细绳系住小玩具吊在婴儿的胸部上方,家长可以念儿歌:"小××,飞呀飞,抓抓抓,抓住了。"家长观察婴儿眼睛和手部的动作,婴儿会有意识地去抓悬吊的玩具。

抓握悬吊玩具属于动态抓握练习,能发展婴儿的手眼协调能力,婴儿也非常喜欢做这个游戏。

(三) 认知发展

1. 认知发展重点

4～6个月的婴儿能注视约75厘米远的物体,会用较长的时间来审视物体和图形;喜欢颜色鲜艳的玩具或图片;听到歌谣和摇篮曲会手舞足蹈;听到熟悉物品的名称,会用眼睛注视来表示关注;会寻找手中丢失的物品;听到自己的名字会转头看;能根据不同的声音找不同的家人。

此阶段应重点增强婴儿的视觉、听觉和触觉,发展婴儿的注意力。

结合《0 岁～6 岁儿童发育行为评估量表》中 4～6 月龄婴儿认知发展测评项目,可以指导家长与 4～6 月龄婴儿开展亲子互动。

找到声源(4 月龄):家长让婴儿坐在自己腿上,家长在婴儿耳后上方 15 厘米处轻摇铃铛,婴儿可回头找到声源。

注意小球(5 月龄):桌面上放一个小球,家长指着小球或滚动小球以引起婴儿注意,婴儿能明确地注意到小球。

玩手(5 月龄):家长观察婴儿能否自发摆弄自己的双手。

两手拿住积木(6 月龄):家长让婴儿坐在自己腿上,先后递给婴儿两块积木,婴儿自己拿或被动塞在手中均可。婴儿能一手拿一块积木并保持 10 秒左右。

寻找掉落的玩具(6 月龄):家长以红球逗引婴儿注意,红球位置应与婴儿双眼在同一水平线上。当婴儿注意到红球后,家长松手使红球落地并保持原有姿势,婴儿能立即低下头寻找红球。

【情景再现】

爸爸给我买了一套悬吊玩具,放在距离我眼睛 20 厘米左右的地方,我通过多种方式去看、去听、去摸。我不仅能注视小床上方的悬吊玩具,而且还尝试用手去抓。布制的玩具软软的,塑料的玩具有点硬、有点凉。这些悬吊玩具颜色很鲜艳,会动,会响,真好玩。

图1-24 仰卧抓握玩具　　　　图1-25 我爱看书

4个月以后,我会趴着看书,一副很专注的样子。

5个月时,我开始坐在爷爷腿上看书,我的小眼睛盯着画面,红红绿绿的图案吸引着我,我的小手经常会摸摸这些画面。

2. 操作指导

5个月的婴儿开始对突然消失的物品产生寻找的欲望,有了"看不见的东西并非消失"的意识,和婴儿玩"寻找掉落的玩具"的游戏能促进婴儿认知能力的发展,培养其注意力、观察力和探索的欲望。

将能滚动的玩具(也可用柑橘等水果代替)从桌子的一头滚到另一头并自然落地,观察婴儿视线是否一直跟随物品,并到地上去找物品。

家长还可以准备一个掉在地上不发出声音的海绵球,让婴儿看着海绵球从桌上滚下,观察婴儿能否在没有声音提示的情况下去地上寻找海绵球。

如果用柑橘等水果代替玩具,可在游戏结束后将水果洗干净剥给孩子吃。

(四) 语言发展

1. 语言发展重点

4～6个月的婴儿有明显的发音愿望,可以和成人相互模仿发音;开始咿呀学语,会发辅音"d""n""m""b";无意中会发出"爸"或"妈"的音;能和成人一起"啊啊""呜呜"地聊天;会注意听成人的语言信号。

此阶段应多给婴儿念儿歌,和婴儿多说话,发展婴儿对语言的感知和理解。

结合《0岁～6岁儿童发育行为评估量表》中4～6月龄婴儿语言发展测评项目,可以指导家长与4～6月龄婴儿开展亲子互动。

咿呀作声(4月龄):家长逗引婴儿时,婴儿会发出无意义的声音。

目光对视(4月龄):家长对着婴儿说话,婴儿能与家长对视,并保持5秒左右。

对人及物发声(5月龄):婴儿看到熟悉的人或玩具时会发出像说话般的声音,如"妈""爸""爬"等。

叫名字转头(6月龄):家长在婴儿背后叫其名字,婴儿会转头。

理解手势(6月龄):家长伸手表示要抱,婴儿会理解并将手伸出来表示要抱。

4～6个月的婴儿看到熟悉的人会微笑;看见熟人、玩具能发出愉悦的声音;开始与家长互动,会通过动作、表情或声音回应家长,有时会咿呀作声,有时会咯咯大笑。

在亲子游戏过程中融入大量的言语交往,有助于婴儿的语言发展,也有助于培养其人际交往的能力和活泼开朗的性格。

【情景再现】

我5个月时住在外公外婆家。我看见妈妈的脸会笑,外公外婆也经常逗我,我能找出声音的来源;我会发出"咕咕"声,而且会发"a""o""e"的音。有人逗我时,我会动嘴巴、伸舌头、微笑和摆动身体,还会"哦哦哦"地跟他们"对话"。

之后,我从外婆家住到了奶奶家,这里的环境很陌生。奶奶和我玩游戏,她的声音很夸张,满脸笑容,两只手不停地挠我痒痒,嘴巴里大声地唱:"挠、挠、挠痒痒,宝宝笑得喜洋洋,宝宝是个小羊羊。"我没有经过这个阵势,有点紧张。我看着奶奶,尽量让自己放松下来,适应新环境。

爷爷和我面对面说话,我用注视、微笑等回应他,有时还会嘻嘻哈哈地笑出声音。我和家人在一起时,他们随时随地教我认识周围的事物,让我多听,这样我的语言发展会非常迅速。

2. 操作指导

(1) 儿歌和挠痒痒

婴儿躺在床上,家长一边双手在婴儿胸前轻轻地挠痒痒,一边念儿歌"挠,挠,挠痒痒,宝宝笑得喜洋洋,宝宝是个小羊羊"。

(2) 儿歌和摇摇乐

婴儿趴在大龙球上,家长扶着婴儿边轻轻摇晃边念儿歌"摇啊摇,摇啊摇,摇到外婆桥,外婆叫我好宝宝。糖一包,果一包,还有团子和糕糕"。这个游戏除了能让婴儿感受语言的韵律,还能刺激婴儿的前庭器官,发展婴儿的平衡能力。游戏刚开始的时候,注意摇晃幅度不要太大,以免婴儿感到害怕。

和这个年龄的婴儿互动时,家长的脸部表情越夸张越好。如果家长做鬼脸,无论是多傻的鬼脸,婴儿都不会抗拒。

家长和婴儿说话时,应和婴儿面对面,使其能清楚地看到家长的口型、表情;同时,家长说话的速度要慢、发音要清晰。

(五) 情感与社会性发展

1. 情感与社会性发展重点

4～6个月的婴儿能辨别陌生人,看见陌生人会有盯着看、躲避、哭、害羞地转开脸和身体等反应;高兴时会大笑,也会用哭声、面部表情和动作与人沟通;会对独处或拿走他的玩具表示反对;对亲切的话语表示愉快,对严厉的话语表现出不安或哭泣;会对着镜中的影像微笑、发出声音或伸手拍打;对养育者有明显的依恋。

此阶段应重点锻炼婴儿感知觉的能力,培养婴儿的注意力,促进婴儿与成人间的交往,激发婴儿愉快的情绪。

结合《0岁~6岁儿童发育行为评估量表》中4~6月龄婴儿的情感与社会性发展测评项目,可以指导家长与4~6月龄婴儿开展亲子互动。

认亲人(4月龄):婴儿看到母亲或其他熟悉的家人,婴儿会高兴起来。

注视镜中的人像(4月龄):镜子放在婴儿面前约20厘米处,家长可在镜中逗引婴儿,婴儿会自发注视镜中的人像。

对镜有游戏反应(5月龄):镜子放在婴儿面前约20厘米处,家长影像不在镜内出现,婴儿对着镜中自己的影像有面部表情变化或伴有肢体动作。

躲猫猫(6月龄):家长把自己的脸藏在一张中心有孔的A4纸后面(孔直径0.5厘米),呼唤婴儿名字,婴儿听到声音观望时,家长露脸两次并逗引说"喵、喵",第三次呼唤婴儿时,观察婴儿的视线是否会再次转向家长刚才露脸的方向。

4~6个月的婴儿开始出现对陌生人的恐惧和不安,表现为哭闹、拒绝抱等。婴儿认生说明他具备了一定的辨识能力,因为个体差异,有的婴儿认生比较早,有的婴儿认生比较晚。

图1-26 大姨奶奶和我躲猫猫

【情景再现】

我会躲猫猫了

大姨奶奶从外地来我家做客,她逗我,我觉得她面生,不配合她。于是,她拿了一块大毛巾遮住她的脸,叫我的名字。我听得到声音,看不到她。正在寻找时,她突然拿开大毛巾,并发出"喵"的声音。刚开始我吓了一跳,后来,我觉得这个游戏真好玩,发出"咯咯"的笑声。

2. 操作指导

一位家长竖抱婴儿,另一位家长把自己的脸藏在毛巾后面,呼唤婴儿的名字。婴儿听到声音观望时,家长的脸在大毛巾的同一侧反复出现两次,第三次呼唤婴儿的名字后,观察婴儿视线是否再次转向刚才家长露脸的方向。

第四节　7～12个月婴儿的家庭照护

7～12个月的婴儿对周围环境的兴趣大为提高,会把注意力集中到自己感兴趣的事物和颜色鲜艳的玩具上;最重要的是,婴儿能独自坐、蹲下来、跪下来、扶着站,满1岁的时候大部分婴儿还可以扶着走路;手的灵活性大大提高;懂得模仿,在成人的引导下会做出挥手的动作;开始发出单音;这个年龄段的婴儿对陌生人有焦虑和害怕的情绪,但个体差异较大。家长要多关心婴儿,帮助其建立良好的依恋关系,让婴儿有安全感,多给婴儿创造和人交往的机会。婴儿活动的范围扩大了,加上有强烈的好奇心,经常会敲敲打打弄出些声音来,并以此为乐。

一、家庭监护回应式照护

(一) 卫生保健

1. 健康照护

7～12个月的婴儿上、下颌开始长出第一乳磨牙;流涎的现象明显减少;视力水平为0.2～0.25;有规律地在固定时间大便,每天1～3次;每天睡14小时左右。7～12个月的婴儿体格发育见表1-6。

表 1-6　7～12个月婴儿体格发育参考指标[①]

月　龄	体重平均值(千克)		身高平均值(厘米)		头围平均值(厘米)	
	男	女	男	女	男	女
8个月～	9.35	8.74	72.6	71.1	45.3	44.1
10个月～	9.92	9.28	75.5	73.8	46.1	44.9
12个月～	10.49	9.80	78.3	76.8	46.8	45.5

(1) 健康检查

婴儿出生后第9个月,第12个月也会有体检,主要项目包括称体重、量身高、量头围、验视力、检查动作发育、检查口腔等。

检查口腔:9个月的婴儿一般出牙了,到12个月出牙4～8颗,医生会查看婴儿的出牙状况,了解婴儿是否患有龋齿,并指导家长做好婴儿的口腔清洁工作。

评价智能发育:9个月的婴儿已经能够手膝着地爬行,可以从仰卧位坐起,扶物站起和

---

① 本书编写组. 0～3岁婴幼儿托育机构实用指南[M]. 南京:江苏凤凰教育出版社,2019:264.

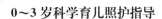

坐下,各种体位和姿势之间可以较好地转换;到12个月可以扶着站和走,有取和放的意识,能够用拇指和食指捏取小物体,会盖瓶盖、套套杯等,可以清晰地发出"爸""妈"的音,能够理解语言和动作之间的关系,可以执行简单的指令,能认识身体的主要部位,模仿家长的肢体动作。

微量元素检查:主要检查婴儿血液中钙、铁、锌、硒、铜、镁和铅的含量。

婴儿出牙后,家长要帮助婴儿做好口腔清洁工作,少给婴儿吃甜食,防止出现龋齿。

(2)预防接种

婴儿在8个月时需要接种麻疹疫苗和乙脑疫苗第一针,在9个月时接种流脑A群疫苗第二针。有的孩子在接种麻疹疫苗后会有一些反应,如发热、不适、乏力等,少数在发热后还会出疹,但一般不会继发细菌感染,亦无神经系统合并症,通常无需特别处理。

(3)疾病预防

婴儿从6个月开始,由于从母体中带来的抗体水平逐渐下降,一旦护理不当,受气候变化和不良环境因素(如营养不合理,吸入了烟尘、粉尘、虫螨等)的影响,都可导致上呼吸道反复感染、幼儿急疹、腹泻等。在此期间,婴儿患幼儿急疹的情况较多,表现为高烧3～5天才退烧,热退疹出,从颈部扩散至全身。幼儿急疹预后良好。

龋齿可使咀嚼功能降低,从而影响小儿全身的发育,甚至造成面部畸形。预防龋齿应从小抓起,要加强婴儿的口腔清洁,早晚刷牙;可用指套牙刷刷牙,或者用蘸了盐水的纱布擦拭牙齿。平时少给婴儿吃甜食,如饼干等。家长应每隔半年带孩子去医院做一次口腔检查,真正做到预防为主,如有龋齿要早发现、早治疗。可听从牙科医生的建议,根据婴儿牙齿的具体情况来决定是否在牙齿上涂氟。

缺锌的婴儿容易食欲不振、厌食、拒食,伴有生长发育迟缓;免疫能力下降,容易患呼吸道及消化道感染和复发性口腔溃疡;头发稀、黄、软,睡眠不安;慢性湿疹、外伤后创伤面不易愈合;少数有异食癖。要预防婴儿缺锌,平时饮食中要注意补充瘦肉、鱼、肝、鸡蛋、豆类等。

(4)安全防护

7～12个月的婴儿活动范围扩大了,容易发生意外事故。家长应把家中的药品、化学产品、重物、易碎品、剪刀、针等放在婴儿够不到的地方。注意防止婴儿从高处跌落。此外,容易引起烫伤的烟头、打火机、熨斗、暖水瓶、热汤碗也要远离婴儿。

【情景再现】

8个月的时候,我又去打预防针了。刚开始时,我不知道他们要做什么,见医生拿着针筒我不怕。医生刚把针扎进我的肌肉里时，我没感觉到疼，过了一会儿才感觉到疼。我大哭，还会双腿乱蹬表示反抗。

图1-27　打针很疼

2. 操作指导

12个月的婴儿可以：

- 自己坐，扶着成人或床沿能站立和走几步；

- 能熟练地爬；

- 能用一个玩具敲打另一个玩具，喜欢反复拾起东西再扔掉；

- 长出4～8颗乳牙；

- 能用手抓东西吃，能用拇指、食指捏起细小的物品，能滚皮球，会搭1～2块积木；

- 能听懂成人的一些话，理解一些简单的指令，如"拍手"和"再见"；

- 会用面部表情、手势、声音与成人交流，如微笑、拍手等，会随着音乐做动作，能配合成人穿脱衣物；

- 能模仿叫"爸爸""妈妈"；

- 喜欢要人抱，会对着镜子中的自己笑，能按成人的指令用手指出灯、门等常见物品，有人表扬自己时高兴；

- 喜欢玩"躲猫猫"的游戏，很乐意去找藏起来的玩具，喜欢和其他孩子一起玩。

如果以上内容12个月的婴儿都能做到，那说明孩子发展得很不错！

如果孩子有2～3项未能达到，那就要多做相关练习；如果有一半都没有达到，那就要加把劲；如果又经过1～2月的努力还未能达到，就要求助于医生了。

发展警示:若婴儿7～9个月还不会吞咽菜泥、饼干等食物,不能用拇指和食指捏取物品,对新奇的声音不感兴趣,不能独自坐稳;当快速移动的物体靠近眼睛时,10～12个月的婴儿不会眨眼,而且还没有开始长牙,不会模仿简单的声音,不能根据简单的口令做动作,要赶紧就医。

(二) 生活照料

1. 营养

(1)科学喂养

7～12个月的婴儿一天可吃800～1 000毫升的奶,可给予更多的食物品种,以保证营养均衡。尝试用辅食代替一顿奶,逐步从添加泥糊状食物到添加颗粒状食物,以促进婴儿咀嚼功能的发育,这不仅有利于语言功能的发展,还能扩展婴儿的味觉感受范围,防止日后挑食、偏食。

表1-7 7～12个月婴儿的进食技能发展

月　龄	食物性状	进　食　技　能
7～9个月	泥糊状食物	学用杯子喝水
10～12个月	细碎颗粒状食物	学着自己抓食,自己用勺,学用杯子喝水,开始与成人一起进餐

表1-8 7～12个月婴儿每日辅食喂养量

	7个月	9个月	12个月
谷类食物	4～6汤匙,分两次喂	1/4杯～1/2杯,分两次喂	1/2杯～3/4杯,分两次喂
蔬菜类	1～5汤匙	1/4杯～1/2杯	1/4杯切碎的绿色蔬菜,1/4杯切碎的黄色或橙色蔬菜
水果类	1～5汤匙	1/4杯～1/2杯	1/4杯～1/2杯新鲜切碎或煮熟的水果
婴儿果汁	100毫升,分两次喂	100毫升,分两次喂	100毫升,分两次喂
淀粉类食物(马铃薯,豆类等)	2～4汤匙	2～4汤匙	1/4杯～1/2杯
蛋白质类食物	1～3汤匙(鱼泥、肝泥)	1～3汤匙(碎肉,鱼,豆腐)	3～5汤匙(碎肉,鱼,豆腐)
手抓小食	1小块饼干	1小块饼干或1片面包	2小块饼干或2片面包

7～12个月婴儿的一日辅食时间安排可参考以下的内容。

7:00～7:30 母乳/配方奶＋米粉或其他辅食

10:00～10:30 母乳/配方奶

12：00～12：30 厚糊状或小颗粒辅食（包括蔬菜、肉类、淀粉类食物等）

15：00～15：30 母乳/配方奶＋水果或其他点心

18：00～18：30 厚糊状或小颗粒辅食（包括蔬菜、肉类、淀粉类食物等）

21：00～21：30 母乳/配方奶

7～12个月的婴儿可以吃的食物种类已经比较丰富了，可以有以下内容。

主食：粥、软面等。

蔬菜：胡萝卜、青菜、菠菜、南瓜、西蓝花、花菜等。

水果：苹果、梨、香蕉、草莓、葡萄、西瓜等。

蛋白质类食物：鸡肉泥、鱼泥、虾泥、肉末、豆腐泥、豌豆泥、蛋黄、全蛋等。

这个时期的婴儿需要开始练习咀嚼，因此要逐渐给他提供颗粒状的食物，颗粒由小变大、由软变硬。

酒、咖啡、茶、可乐、巧克力、墨鱼、竹笋、咸菜、油炸食品等不适合本阶段的婴儿。

（2）家长照护要点

7～12个月的婴儿整天忙着在屋子里"探险"，有的玩兴正盛不肯好好吃饭，有的把进餐当成玩耍，搞得餐桌乱七八糟。家长除了要提供营养均衡的膳食，还需培养孩子良好的进餐习惯。

培养婴儿良好的进餐行为：7～12个月的婴儿开始有主动进食的要求，尽量让婴儿学习自己用手拿食物、用勺进食，以促进手眼协调和手指肌肉动作的发展。鼓励婴儿尝试用杯子喝水，培养自理能力。

固定婴儿进餐的时间和地点：最好准备一个宝宝椅，每次婴儿都坐在宝宝椅上进餐。千万不要追着喂，以免养成边吃边玩的坏习惯。如果超过半小时仍未吃完饭，应将食物都收走，直到下一餐的时间才提供食物。

不随便吃零食：1岁左右的婴儿逐步过渡到成人饮食后，应养成"三餐二点"的就餐习惯。不能经常给婴儿吃零食，以免影响正餐。

预防挑食、偏食：这个年龄段的婴儿喜欢吃熟悉的饭菜，不愿接触陌生的食物，长期这样容易出现偏食、挑食。家长应注意食物品种的多样化，且做到经常更换食物品种，使婴儿有机会接触各种食物并熟悉其口味和口感，避免养成挑食、偏食的不良习惯，最终达到合理膳食、营养均衡的目的。

孩子虽小，但已有很强的模仿能力。家长应注意自己在餐桌上的言行举止，从小培养孩子良好的进餐礼仪：等待家人共同进餐，不能一个人先吃；懂得礼让和分享，大家都喜欢的食物不要据为己有；吃饭时细嚼慢咽，爱惜粮食等。

2. 睡眠

7～12个月婴儿一昼夜睡眠时间需要14～15小时,白天还需睡1～2次。这个时期是真正意义上的养成生活规律的启蒙阶段,要让婴儿学会区分白天睡觉和晚上睡觉。晚上睡觉可以换上睡衣,早晨起来后换上白天的衣服,这么做能有效帮助婴儿逐渐养成规律的夜间睡眠习惯。

3. 生活卫生

婴儿从出生开始就要注意清洁面部,每次吃完饭后要擦嘴,早晨起床及晚上睡前都要洗脸、洗手,要经常洗澡,勤换衣服,定时理发、剪指(趾)甲。从小培养婴儿的卫生习惯,他长大后就会主动要求讲卫生了。

每天早晚,婴儿洗完脸和手后,家长可以为其涂抹润肤乳,然后让婴儿闻一闻手上的香味,逐步培养婴儿良好的护肤习惯。

婴儿每天大便1～3次,大便后要用柔软的纸巾给婴儿擦干净。每天睡前要给婴儿洗屁股。

【情景再现】

我已经开始吃泥糊状食物了,我坐在宝宝椅上,妈妈喂我吃。不过我自己能抱奶瓶喝奶。10个月后,我可以自己吃点心,有橘子、红薯条,我还学习自己剥橘子。我已经开始长牙了,妈妈给我准备颗粒状的食物,锻炼我的咀嚼能力。

图1-28　自己用奶瓶喝奶　　图1-29　学着自己吃饭

我的睡眠比较有规律了,白天睡2次,一昼夜睡14～15小时。我大便也挺有规律的,每天2～3次。妈妈给我穿衣服时,我能配合,不捣乱。每天早晚,妈妈都帮我洗头、洗脸、洗澡,每周帮我剪指甲。外婆带我到理发店理发,我认生,用大哭表示抗议;外婆抱着我,我有安全感了,才配合理发。

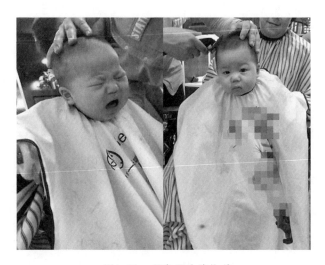

图1-30　理发要外婆抱着

4. 操作指导

大多数7～12个月的婴儿还要成人哄睡，家长要注意培养其独立入睡的习惯。家长可以帮助婴儿建立有规律的入睡流程：睡前洗漱—换衣服—唱《摇篮曲》或讲故事—入睡。每天坚持有规律的入睡流程，有助于培养婴儿独自入睡的习惯。

二、家庭早期学习机会适宜性照护

（一）大肢体动作发展

1. 大肢体动作发展重点

7～12个月的婴儿能用四肢爬行且腹部不贴地面；能自己扶栏杆站起来，自己会坐下；扶着能蹲下取物；能独自站稳，自己扶物走；独自走几步扑进成人怀里。

此阶段应重点促进婴儿身体的灵活性和协调性，锻炼爬行能力。

结合《0岁～6岁儿童发育行为评估量表》中7～12月龄婴儿大肢体动作测评项目，可以指导家长与7～12月龄婴儿开展亲子互动。

抵足爬行（7月龄）：婴儿俯卧，用双臂支持起胸部，腹部贴着床面，在婴儿的头部前方放置玩具，激发他爬行的欲望。家长可用双手抵住婴儿的脚底，婴儿双脚用力蹬，借助外力使身体向前移动。

跪膝挪动（8月龄）：在沙发上放置一个玩具，地上铺上软垫，逗引婴儿手扶着沙发跪着用膝盖移动到玩具处；片刻后，家长在沙发上另外一处（约50厘米远）放置一个玩具，吸引婴儿跪着挪动，这能为直立时掌握身体平衡打好基础。

双手扶物可站立（8月龄）：将婴儿置于有栏杆的婴儿床上，协助婴儿双手抓握住栏杆，胸部不靠栏杆,保持站立姿势 5 秒左右。

手膝爬(9 月龄):婴儿俯卧,用玩具逗引婴儿爬行,婴儿能将腹部抬离床面,手膝支撑向前爬行。

保护性支撑(10 月龄):家长站在床边,从婴儿背后双手扶其腋下将其抱起,然后快速做俯冲动作,婴儿会出现双手张开,向前伸臂以保护自己的动作。

站着玩(10 月龄):婴儿靠着站或扶着站时,会用手指向他感兴趣的物品。家长可在婴儿周围放一些玩具,鼓励他自己去拿。

独站片刻(11 月龄):家长扶婴儿站稳后松开双手,婴儿能独自站稳 2 秒左右。

扶着下蹲取物(11 月龄):婴儿手扶围栏站立,家长将玩具放在其脚边,鼓励婴儿下蹲取物。婴儿会用一只手扶着围栏,蹲下后用另一只手捡玩具,并再站起来。

独自站稳(12 月龄):家长扶婴儿站稳后松开双手,婴儿能独自站立 10 秒左右,允许身体轻微晃动。

牵一手可走(12 月龄):家长牵婴儿一只手,观察婴儿能否自己迈步行走。

爬行是婴儿生长发育过程中的一个重要环节,是婴儿出生后的第一次全身协调运动。婴儿爬行是在手、眼以及脚的协调配合下,运用胳膊及手腕的力量支撑起上半身,并调动手部、腿部、臀部等不同的肌肉群,借助上肢和下肢的交替协调运动才能有效完成。爬行可以锻炼婴儿的躯干以及四肢的肌肉力量,并促进骨骼、神经系统的发育。建议让婴儿爬够 500 小时。跳过爬行直接学走路的婴儿,可能由于错过了爬行时眼睛与身体动作配合的适应过程,走路时容易摔跤,患感觉统合失调的概率也较高。

婴儿不宜用学步车,学步车易致婴儿骨骼畸形和行走姿势异常。学步车的滑动速度较快,婴儿须两脚蹬地向前用力,时间长了,腿部骨骼容易变弯形成罗圈腿;且由于坐垫过高,脚不能完全着地,只能用脚尖触地滑行,婴儿容易形成前脚掌着地的脚尖走路姿势。学步车还易造成意外伤害,如果滑行的速度过快,不仅容易翻倒,还容易冲撞到家具或者其他器物,把婴儿摔出车外。

【情景再现】

我开始为学习爬行做准备了。妈妈让我趴在床上,用玩具来吸引我匍匐前行;同时,她把手放在我的脚底,让我借助外力向前蹬。妈妈给我买了个小地垫,地垫上放了许多玩具,每天让我练习爬。7 个月时,我的两个手臂能支撑起来了,胸挺得老高,就是腹部还不能离开地面,腿部没有力量。

8 个月时,我已经可以腹部离开地面,手膝着地趴着了,像只小老虎。但我只会原地打转,还不能自如地前进或后退。

9个月时,我终于会爬了,太开心了!会爬以后,我的视野一下子变大了。我充满好奇,不停地到处摸摸,看看。

图1-31　我能自如地爬了

图1-32　我能爬上爬下了

10个月时,我的爬行技术可好了,可以爬上楼梯、爬上沙发,总之,我自由了!但家里人有点紧张,他们要随时保护我,以免发生危险。

我学习站,其实也是从8个月开始的。那时,我跪在沙发前,想拿沙发上的玩具,够不着,我就努力地站起来,踮着脚尖,尝试用手臂支撑,再把脚向前移,最后成功了!我终于能自己站起来了,还能扶着沙发转身看着妈妈,妈妈夸我真棒!

图1-33　从跪着到独自站起来

9个月时,我已经能"脚踏实地"地扶着站或靠着站了。

10个月时,我能扶着围栏去够墙上的图片;12个月时,我已经能拿着东西站稳了。

图1-34 扶着围杆站　　　　　　图1-35 扶站够物　　　　　　图1-36 拿着东西站稳

2. 操作指导

（1）学爬

让婴儿趴在铺于地面的软垫上。把拉线玩具车放在婴儿不远处,吸引他的注意。引导婴儿爬向玩具车,家长拉着玩具车慢慢往前走,并鼓励婴儿"玩具车真好玩,快爬过来吧"。婴儿爬行一段距离后,不再拉动玩具车,让婴儿够着玩具车玩一会儿。一段时间后,换其他玩具继续引导婴儿爬行。

爬行对婴儿的发展非常重要,一定要让婴儿多爬。刚学爬时,婴儿一般都会出现后退或以腹部为中心转圈的情况。这时需要家长用两手顶住婴儿的左右脚掌,用力向前交替推动,使婴儿的双脚借着推力蹬着向前移动。经过反复练习,婴儿就能逐渐学会爬行。每个孩子学会爬行的时间表不同,家长要尊重孩子的实际水平,不必过于焦虑,人为地通过过度的训练以加速孩子的发展。

已经会爬的孩子容易发生意外伤害,如误吃异物、摔伤、烫伤、触电等,所以既要放手让孩子去"闯",又要注意安全和卫生,谨防意外。

（2）学走

家长可以借助玩具车或家用小推车等,一边念儿歌"小猪小猪噜噜,肚子吃得鼓鼓,扇扇耳朵呼呼,出门去找姑姑",一边扶着婴儿小手推着小车慢慢向前走。

家长也可以站在婴儿背后扶住婴儿腋下,帮助婴儿找到平衡。对于走得较好的婴儿,家长可放手,但要站在推车前方控制推车的行进速度,防止推车行进过快而导致婴儿摔倒。

蹒跚学步的婴儿容易发生从台阶或楼梯上摔下的意外。不要让婴儿处于无人看管的状态,防止其从高处跌落。

(二)精细动作发展

1. 精细动作发展重点

7～12个月婴儿的手指协调能力更好,会打开糖果的包装纸;会用手指向他感兴趣的物品;会从大罐子中取物和把物品放进去;会故意把物品扔掉又捡起来;能把球滚向别人;会将大圆圈套在木棍上。

此阶段应重点培养婴儿观察事物和动手操作的能力,通过动手操作锻炼手眼协调能力。

结合《0岁～6岁儿童发育行为评估量表》中7～12月龄婴儿精细动作测评项目,可以指导家长与7～12月龄婴儿开展亲子互动。

伸手够远处的玩具(7月龄):家长让婴儿坐在自己的腿上,将一玩具放于婴儿手恰好够不到的桌面上,让婴儿伸手取玩具。

有意识地摇铃(8月龄):家长示范摇铃,鼓励婴儿模仿摇铃。

拇指和食指捏小物(8月龄):家长将一个小物品(如小纸团、胡萝卜粒等)放在桌上,鼓励婴儿用拇指和食指捏起这个物品。注意不要让婴儿把这个物品放进嘴里。

积木对敲(9月龄):家长出示两块积木,示范用这两块积木互相敲击,鼓励婴儿模仿。婴儿能双手拿着积木互相敲击,虽然不十分精准。

拿掉杯子玩积木(10月龄):家长将积木放在桌上,在婴儿的注视下用一个塑料杯盖住积木,杯子的把手对着婴儿。观察婴儿能否主动拿走杯子,取出藏在杯子里的积木。

积木放入杯中(11月龄):家长示范将积木放入塑料杯中,鼓励婴儿模仿,婴儿能有意识地将积木放入杯中。

试把小饼干投进瓶内(12月龄):出示一些小饼干及一个瓶子(瓶口直径约8厘米),家长示范将小饼干放入瓶内,鼓励婴儿模仿。婴儿能全掌捏住小饼干试着往瓶内投放,但不一定成功。

全掌握笔涂鸦(12月龄):家长示范用笔在纸上涂画,鼓励婴儿模仿,婴儿能全掌握笔在纸上涂鸦。

这个年龄段的婴儿不再满足于躺着玩,更喜欢趴着玩和坐着玩。这个时期,婴儿的颈部、腹部、背部肌肉发育较完善,可以趴着或坐着略久一些。家长可以在婴儿的周围放一些玩具,让他趴着玩或坐着玩。

【情景再现】

我7个多月时,奶奶让我在床上学爬,她用小鸭子玩具书逗我,我使劲地去够小鸭子玩具书。先伸出我的右手臂,拿不到,又伸出我的左手臂,还是拿不到;我无意中拉动床单,小鸭子玩具书竟然向我靠拢了,于是我继续拉动床单,终于拿到了小鸭子玩具书!我试了几次,现在已经学会用床单帮忙拿玩具了。

图1-37 拉床单拿玩具书

8个月时,妈妈给我买了可以拼图的地垫。我使劲抠出一片,但拼回去有点难,不管我怎么努力都对不上。

图1-38 我使劲抠　　　图1-39 再拼回去

8个多月,妈妈教我摇沙球。刚开始我不知道怎样才能摇动沙球,妈妈用她的沙球和我的沙球碰一碰,有响声、有震动,我找到一点感觉,努力学着妈妈的样子,终于能把沙球摇出

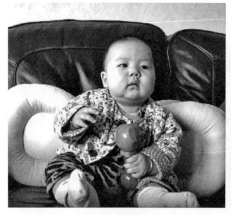

图1-40　单手摇沙球　　　　　　　　图1-41　双手摇沙球

声音来了。妈妈又给了我一个沙球,一手一个沙球怎么摇呀,还是先让它们碰一碰吧,不久我就学会了双手摇沙球。

9个月的我会思考了。妈妈示范摇拨浪鼓,我很好奇,目不转睛地盯着看,也学会了摇拨浪鼓。

再大一些,我会摆弄要动脑筋的玩具了,知道只有形状匹配了,才能把积木插进去哦。

图1-42　积木插对了

2. 操作指导

（1）摆弄积木

家长先递给婴儿右手一块积木,然后再递给婴儿右手另一块积木,教婴儿将原先右手中的积木换到左手,再用右手拿另一块积木。等婴儿两只手都拿到积木后,家长也双手各拿一块积木,做放下、拿起的动作,鼓励婴儿模仿。然后再教婴儿将两块积木靠近、分开、叠起等。

（2）敲打积木和小鼓

家长先示范双手各拿一块积木互相敲击发出声音,鼓励婴儿模仿。家长再示范用两根鼓槌敲打小鼓,随后扶住婴儿的双手拿起两根鼓槌,教他如何敲打小鼓。最后,让婴儿自己敲打小鼓。

（3）摇晃沙球

家长先示范摇晃沙球,让婴儿听声音,然后鼓励婴儿模仿。

婴儿学会敲打、摇晃的动作后,家长可以握着婴儿的手,边做敲打或摇晃的动作,边念儿歌或唱歌助兴。

（三）认知发展

1. 认知发展重点

7～12个月的婴儿会分辨甜、苦、咸等味道和香、臭等气味；喜欢看图画；能指认耳朵、眼睛、鼻子和经常接触的物品；喜欢重复的游戏，如拍手、躲猫猫；关注比较细小的物品；喜欢摆弄玩具；能学习用工具够取物品；逐步获得客体永久性的意识，即他会知道物体不见了并不是消失了，而是存在于其他地方。

此阶段可借助各种玩具、图书，促进婴儿感知、注意、记忆和思维的发展。

结合《0岁～6岁儿童发育行为评估量表》中7～12月龄婴儿认知发展测评项目，可以指导家长与7～12月龄婴儿开展亲子互动。

积木换手（7月龄）：家长抱婴儿坐在腿上，给婴儿一块积木，婴儿拿住后，再向拿积木的手递另一块积木，观察婴儿是否会将第一块积木换到另一只手，再去拿第二块积木。

持续去够玩具（8月龄）：逗引婴儿取玩具，在婴儿将要取到玩具时，家长将玩具移到稍远的地方，观察婴儿是否会继续努力去够物。

拨弄铃舌（9月龄）：家长轻摇铜铃以引起婴儿注意，然后将铜铃递给婴儿，观察婴儿是否有意识地拨弄铃舌。

寻找盒内物品（10月龄）：家长在婴儿面前摇响装有物品的盒子，然后避开婴儿将盒内的物品取出，给婴儿空盒，观察婴儿是否会寻找盒内的物品。

打开包积木的方巾（11月龄）：家长在婴儿注视下用方巾包起一块积木，然后打开方巾，再包上。鼓励婴儿寻找积木，观察婴儿是否会有意识地打开方巾找出积木。

盖瓶盖（12月龄）：家长示范将瓶盖盖在瓶上，鼓励婴儿模仿，观察婴儿是否会将瓶盖盖在瓶上并摆正。

【情景再现】

9个月时，妈妈帮我在早教中心报了名。那里有滑梯等设施，有老师、许多小朋友和许多家长。老师带我们玩吹泡泡，玩扶站滚筒，玩彩虹伞，目的是教会家长如何观察自己的宝宝，如何带宝宝玩亲子游戏，我爸爸妈妈学得很认真。早教中心里有许多小伙伴，我们一起玩，爸爸妈妈们在一起交流育儿经验。早教中心旁边有个游泳馆，我还经常去游泳、玩水。

爸爸妈妈给我买了很多书，我每天都要看一会儿书。我有一个很好的学习环境，感谢爸爸妈妈。

我喜欢撕纸，撕纸很奇妙，大纸越撕越小，而且撕纸的声音很好听，"嚓、嚓、嚓"。

图1-43　早教中心里玩大龙球　图1-44　早教中心里滑滑梯　　图1-45　　游泳

图1-46　看书　　　　　　　图1-47　撕纸

2. 操作指导

（1）撕纸

给婴儿一些干净的废纸（不要用报纸），先由家长示范撕纸，边撕边说"嚓、嚓、嚓"，然后引导婴儿双手拿纸一前一后地用力撕开。

报纸上的油墨对婴儿有一定的危害，不宜使用。同时要谨防婴儿将撕碎的纸放入口中，所以，游戏时成人不能离开，游戏后应及时将纸收走。

（2）撕出有趣的造型

将10厘米见方的干净白纸用缝纫机轧出各种简单的几何图形，家长先示范撕出几何图形，然后握着婴儿的手教他沿着针孔撕纸，并将撕好的方形、圆形、三角形摆在他面前让他观看。游戏后及时将纸收走，以免婴儿将纸放入口中。

(四) 语言发展

1. 语言发展重点

7～12个月的婴儿能听懂日常生活中的简单语言,如"灯在哪儿""给我杯子"等;会模仿成人的发音,能说出几个词,会模仿叫"爸爸""妈妈";会自创一些词语来指称事物;会用动作表示同意(点头)或不同意(摇头、摇手),会模仿手势。

此阶段应通过单字音及声调的练习,促进婴儿语言感觉系统的发展;通过互动游戏,增强婴儿对语言的理解能力。

结合《0岁～6岁儿童发育行为评估量表》中7～12月龄婴儿语言发展测评项目,可以指导家长与7～12月龄婴儿开展亲子互动。

发出"da-da""ma-ma"的声音(7月龄):家长观察婴儿在清醒状态下是否会发出"da-da""ma-ma"的声音,但此发音无特殊意义。

用动作和手势表达想法(8月龄):家长观察婴儿是否常有主动伸手表示要抱,摊开手表示没有,咂咂嘴表示好吃等动作。有两项表现即可。

表示欢迎(9月龄):家长只说"欢迎",不做手势示范,观察婴儿能否做出表示欢迎的手势。

表示再见(9月龄):家长只说"再见",不做手势示范,观察婴儿能否做出表示再见的手势。

知道常见物品的名称,知道熟悉家人的称呼(10月龄):家长问"妈妈在哪里""灯在哪里""爸爸在哪里"等,观察婴儿是否会用眼神或手势示意。

有意识地发一个字音(11月龄):家长观察婴儿是否会有意识并正确地模仿某个字音,如"爸""妈""拿""走""姨""汪"等。

向他要东西知道给(12月龄):将玩具放入婴儿手中,然后对他说"把××给我",不要伸手,观察婴儿是否会把玩具主动递给家长并主动松手。

7～12个月的婴儿处于前语言阶段,对语言兴趣很大,努力想说话,但发音仍然不够清晰。家长可以通过与婴儿多说话来刺激其发出越来越多的语音,并将语音与人或实物联系起来。

【情景再现】

9个月时,妈妈问"灯在哪里",我会用眼睛看着灯;妈妈说"欢迎",我会拍手;突然有一天,我能用挥手表示再见,还会双手抱拳作揖。

10个月时,我开始发出各种声音,妈妈每天教我说"爸爸""妈妈",我能模仿妈妈的口型,发音很清楚。

11个月时,妈妈教我玩"逗逗飞",刚开始我不理解是什么意思。每天玩,每天玩,我终于明白了,就是我和妈妈的食指碰一下。我现在很喜欢伸出食指,然后跟妈妈食指碰一碰。

2. 操作指导

（1）翻阅图书

家长提供适合这个年龄段婴儿的图书,引导婴儿看书。家长可逐页讲故事,再用手偶边表演边讲故事。

家长可以每天和婴儿一起看书,培养婴儿的阅读兴趣。

图1-48　食指碰一碰

（2）学说"早上好"

家长引导婴儿用鞠躬、招手等动作向别人打招呼,学说"早上好"。还可以给婴儿编讲故事:太阳公公起床了,对小公鸡说:"早上好,早上好。"小公鸡对小鸭子说:"喔喔喔,早上好。"小鸭子对小牛说:"嘎嘎嘎,早上好。"小牛对小狗说:"哞哞哞,早上好。"小狗对小朋友说:"汪汪汪,早上好。"小朋友对大家说:"大家早上好。"

（五）情感与社会性发展

1. 情感与社会性发展重点

7~12个月的婴儿显示出更强的独立性;更喜欢情感交流活动;对养育者表现出依恋和喜爱,对陌生人表现出忧虑、退缩、拒绝等行为;言行得到认可后,会高兴地反复出现此行为;喜欢各种交往和互动游戏,喜欢重复玩,惊讶时发笑;会用动作、手势向成人索取自己感兴趣的物品,初步具有保护自己物品的意识;会以哭引起他人的注意;能听从劝阻。

此阶段应丰富婴儿的情感体验,增强社会性行为,以便以后更好地适应外部环境。

结合《0岁~6岁儿童发育行为评估量表》中7~12月龄婴儿情感与社会性发展测评项目,可以指导家长与7~12月龄婴儿开展亲子互动。

捉迷藏（7月龄）:婴儿坐在床上,家长用毛巾或枕头遮住婴儿的视线,然后呼唤婴儿的乳名,停顿1~2秒后,再露出脸与婴儿对视。

认出生人（7月龄）:有陌生人时,家长观察婴儿对陌生人的反应,是否有拒绝陌生人抱、哭、不高兴或惊奇等表现。

懂得成人面部表情（8月龄）:家长训斥或表扬婴儿时,观察婴儿是否有委屈或兴奋等反应。

照镜子(9月龄)：大多数婴儿都喜欢照镜子,喜欢朝着镜子里的自己笑,或者目不转睛盯着镜子里的自己,甚至会伸出手来摸一摸。家长协助婴儿双手拿住一面小镜子(或抱着婴儿站在大镜子前面),家长做不同的表情,如左、右眼交替睁开闭上、伸出舌头等,观察婴儿是否会模仿。婴儿还会逐渐理解自己和镜子里小人动作的相关性。

做律动(10月龄)：家长边唱歌边带着婴儿做律动,增强婴儿的音乐节奏感,唤起婴儿对音乐的兴趣。

模仿拍娃娃(11月龄)：家长示范轻拍娃娃,鼓励婴儿模仿大人轻拍娃娃。

骑大马(12月龄)：婴儿骑坐在家长身上,家长的身体上下颠簸、前后移动,婴儿的身体也随之移动。此活动能锻炼婴儿的平衡能力。

图1-49　和妈妈捉迷藏

【情景再现】

我喜欢躲在窗帘后面和妈妈玩捉迷藏,这个游戏真好玩。

爷爷抱着我,奶奶一边唱歌一边逗我,她夸张的动作、表情感染了我,我兴奋得手舞足蹈。

我满1周岁了,爸爸、妈妈、爷爷、奶奶和外公外婆,还有亲戚朋友给我举办了生日宴。大家点蜡烛、吹蜡烛、切蛋糕、吃蛋糕、唱生日歌,拍照,我能感受到家人和朋友对我的爱,我很开心。

2. 操作指导

准备彩虹伞或小毯子,家长可以一边念儿歌"彩虹伞,转转转,躲在伞下看不见;彩虹伞,转转转,爬到上面看得见",一边引导婴儿随着儿歌内容钻到彩虹伞或小毯子下,再爬出来。

游戏可反复进行,促进婴儿钻、爬等动作的灵活性,感受亲子游戏的愉快。

第五节　2～12个月婴儿的社会照护

一、早教中心针对性照护服务

早教中心针对性照护是早教中心依据《0岁～6岁儿童发育行为评估量表》,由专业人员对每个婴幼儿进行测评,依据测评结果给家长进行养育方面的个性化、差异化指导。

早教中心的主要功能在于为家长提供专业的指导,为婴幼儿提供亲子互动、师幼互动、婴幼儿之间互动的场所。婴幼儿走出家庭,可以在开放的、多元的环境中,在专业活动设施的加持下,获得更多元的发展。早教中心还可以提供专业的测评服务,给予每个婴幼儿针对性的指导。

早教中心的针对性照护服务能为家长提供专业的育儿知识和指导,是家庭照护的有益补充。

(一) 感觉统合训练

应特别关注此年龄段婴儿感觉统合能力的发展。感觉统合最早是由美国南加州大学艾尔丝(Jean Aryes)博士在1972年提出的,她认为感觉统合就是人体在环境内有效利用自身的感官,将从外界获得的不同感觉信息(包括视觉、听觉、嗅觉、味觉、触觉、前庭觉和本体觉等)输入大脑,大脑对输入信息进行加工处理并作出适应性反应的能力,简称"感统"。感觉统合能力不佳的孩子,容易好动不安、注意力不集中、笨手笨脚、晕车晕船、严重害羞等。

感觉统合训练的关键是同时给予孩子前庭、肌肉、关节、皮肤触摸、看、听、嗅等多种刺激,并将这些刺激与运动相结合。尤其是早产、剖腹产的孩子,要让他们多练习爬行,因为爬行是一种很好的感觉统合训练,可以提高孩子身体的平衡性、协调性、灵活性和控制力。随着孩子年龄的增长,还可以让孩子尝试韵律操、垫上翻滚、前后翻滚、蹲走、模仿动物各种走、沿直线曲线走、单脚跳、双脚跳、立定跳跃、抛接球等活动。除了以上基本的活动外,游泳、轮滑也对感觉统合失调有一定的改善作用。

(二) 适合的活动方案

1. 大肢体动作活动方案

体位变化自如:鼓励婴儿从仰卧到俯卧,再从俯卧转到坐位。这一系列的动作是婴儿平衡能力和协调能力的基础。

协助下爬行:对于刚开始学爬的婴儿,可用手或毛巾托起婴儿的腹部,协助婴儿爬行。爬行可以发展婴儿的身体平衡能力和协调能力。

向前爬行:婴儿趴在床上,家长双手抵住婴儿的两个脚掌,帮助婴儿借力向前爬行。

扶着走或独自站:锻炼婴儿独自站稳和扶着走的能力,发展婴儿身体的平衡性和协调性。

这个阶段的婴儿移动起来速度较快,家长要收拾好周围的用品,如剪刀、打火机、药品等。除此之外,家长要注意不让婴儿触碰电源插座,以免发生危险。成人可以把玩具放在婴儿够不着的地方,让他去拿,但不要太远。肢体平衡性和协调性的训练需要一个过程,家长要有耐心,坚持每天陪婴儿练习,婴儿会逐渐熟练起来。

2. 精细动作活动方案

击打动作：在床上或桌上放置一些玩具或物品，如小鼓，摇铃，杯、盘、碗（塑料、金属均可）等，家长用一根小棒逐一敲打各物品，使其发出声音并鼓励婴儿模仿。

挤挤捏捏：准备一些挤捏后能发出声响的玩具，如橡皮娃娃、软塑料小玩具等。家长示范挤捏玩具使其发出声响，鼓励婴儿模仿，也可以握住婴儿的手一起操作。

触感体验：家长平时要为婴儿准备一些软的、硬的、粗糙的、光滑的物品让婴儿摆弄，如西红柿、香蕉、橘子、皮球、毛巾等。让婴儿的手感受不同物品的不同质感。

从容器里取出物品：提供一个塑料杯，里面放入一个乒乓球，家长示范从杯子里取出球，鼓励婴儿模仿。

倒出物品：准备一个塑料小瓶，里面放入一些手指饼干。家长先把瓶盖打开，倒出一些饼干让婴儿品尝，然后把瓶盖盖上（不必旋转拧上），观察婴儿的反应。

在日常生活中，可以随时使用身边不同的物品作为游戏道具，但应避免提供易碎和尖锐物品，以免造成意外。

3. 语言活动方案

呼唤乳名：家长在呼唤婴儿时，可叫其乳名或大名，帮助婴儿熟悉自己的名字。

随机交流：家长出示绒毛小狗玩具，先让婴儿玩一会，再让婴儿玩其他几件玩具，此时，家长悄悄地把绒毛小狗玩具藏在婴儿身后，说："宝宝，你的小狗呢？小狗跑到哪里去了？快找找！"观察婴儿是否会扭转身体四处寻找。

欢迎客人：每当家里来客人时，家长扶着婴儿的两只手做拍手或作揖的动作以示欢迎，让婴儿知道动作、语言和意义表达之间的关系。

学着表达：当婴儿想要某件物品时，家长要及时观察婴儿的意图，问："宝宝要什么呀？用手指一下。"鼓励婴儿用手指出自己想要的物品，或模仿家长说出这个物品的名称。

听和说的训练应同步进行。给婴儿拿取某件物品时，家长要有意识地不断重复物品名称和相关词汇，以促进婴儿的语言发展。

4. 认知活动方案

感知环境：抱着婴儿在室内外活动时，家长要当好一名观察员，以婴儿的兴趣为主，在保证安全的情况下，允许婴儿多听多看多触摸，从而提高婴儿的认知能力。

知道找开关：家长在开灯之前可以引导婴儿："宝宝，灯不亮了，怎么办？来，我们去开灯。"家长可以扶着婴儿的手示范按开关的动作，帮助婴儿积累初步的认知经验。

对应认知：家长在日常生活中，应随时随地向婴儿传输一些认知信息，如：灯亮了，灯暗了；门开了，门关了等，促进婴儿逐步积累各种经验。

认识五官：握住婴儿的手，让他用手指点点自己的鼻子，家长反复说："鼻子，鼻子，宝宝的小鼻子。"用类似的方法引导婴儿逐步认识自己的五官。

与婴儿互动时，家长的语言要简洁，配合动作，多次重复，更容易让婴儿理解。

5. 社会性活动方案

认识常见的人和物：引导婴儿熟悉周围环境中的人和物，并逐步扩展范围。

学着与他人交往：多为婴儿提供与他人交往的机会，培养婴儿的交往能力。

扩大社交范围：鼓励家长多带婴儿走出家门，有意识地让婴儿和同龄小朋友玩耍，逐步扩大婴儿的社交范围，有利于婴儿的社会性情感发展。

【情景再现】

西西是一个8个月的小姑娘，很喜欢爬，但有时会爬得东倒西歪的。她对食物非常感兴趣，喜欢玩一些有声音的玩具……

姓名	西西		
性别	女	生日	2020/7/16
年龄	8个月	测试原因	—
测试日期	2021/3/27	儿童类别	城市儿童
检测部分	序号	项目	检测结果
大动作	1	双手扶物可站立	站立不稳
	2	独坐自如	容易右侧倾倒
精细动作	3	捏小丸	不会
	4	试图取得第三块积木	无意识
认知	5	有意识地摇铃	正常
	6	持续用手追逐玩具	正常
语言	7	模仿声音	无意识
	8	可用动作手势表达	困难
社会行为	9	懂得成人面部表情	一般
	10	见人会笑	正常

图1-50　测评项目

姓名	性别	身高(厘米)	体重(千克)	出生日期	测评日期	实际月龄
西西	女	72.2	9.0	2020-7-16	2021-3-27	8.36

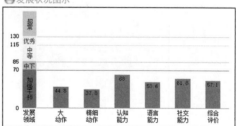

图1-51　测评结果

早教中心的专业人员依据《0岁～6岁儿童发育行为评估量表》对西西的大动作、精细动作、认知能力、语言能力和社交能力进行了测评。

测评结果显示西西能有意识地摇铃，能持续用手追逐玩具，理解成人的面部表情，见人会笑，这说明西西的认知能力和社交能力发展较好。

西西双手扶物站立不稳，独自坐时容易倾倒，不会拇指、食指捏取小丸，没有试图取得第三块积木的意识，没有模仿声音的意识，用动作和手势表达想法困难，说明西西手部精细动作、腿部力量、肢体协调性的发展偏弱，语言发展滞后。

综合评价：西西的认知能力、社交能力发展较好，说明家长经常和西西互动。西西精细动作、大动作和语言发展较弱,还需要家长在这些方面多加引导。

根据西西的测评报告,早教中心的专业人员建议西西的家长要多关注西西的大肢体动作、手部精细动作和语言发展,并给出了相应的指导意见。

1. 大肢体动作训练

独自坐:当西西有一定的坐的能力后,让西西坐在床上,家长准备一些玩具,有意识地移动玩具的位置,促使西西转身去抓取玩具。

四肢训练:在西西俯卧时,把一条毛巾垫在西西的腹部,家长抓住毛巾的两端略向上提,在西西的前方放一个玩具,吸引西西向前爬。家长配合西西的动作向玩具方向移动,直到西西抓到玩具。

扶站扶走:引导西西扶着沙发、墙、椅子站立和行走,发展西西身体的协调性。

每次训练后,家长可轻轻按摩西西的上肢和下肢,以缓解肌肉疲劳。

2. 精细动作训练

主动抓取:家长抱西西坐在桌前,先在西西手能够到的距离内放置一件玩具,等西西摆弄片刻后,再把它放在距离稍远的地方,鼓励西西主动去拿取玩具。

敲打训练:在床上或桌上放置物品,如小鼓、塑料杯等,家长用一根小棒逐一敲打各物品使其发出声音,鼓励西西模仿敲打动作。

手指捏小玩具:鼓励西西模仿成人挤捏玩具(如玩具尖叫鸡),让玩具发出响声,锻炼西西的手指力量和手眼协调能力。

垒积木:鼓励西西把3块积木垒起来或排成一排,发展西西的手眼协调能力和空间知觉。

3. 语言训练

发音练习:引导西西发出"爸爸""妈妈""奶奶"等语音,并引导她将这些发音与具体的人联系起来。

字词练习:引导西西同时用语言和动作表示谢谢、再见、亲亲等,发展西西的语言能力。

听录音:让西西反复听一首儿歌或简短的童话故事,发展西西的听觉注意力。

和家长轮流说:家长逗引西西时,可有意识地说完一句等一会儿,等西西发出语音后,家长再说下一句。说什么不重要,主要在于引导西西有轮流说的意识。

(三)操作指导

在日常工作中,早教中心会安排婴儿和家长在专业教师的带领下开展亲子活动,目的在于指导家长在家中与婴儿开展符合婴儿年龄特点的亲子互动游戏,以促进婴儿的全面发展。以下列举几个早教中心的亲子活动。

1. 社交活动：拉拉手

活动目标：婴儿愿意和教师拉拉手，婴儿逐步熟悉自己的名字。

活动过程：家长带婴儿面向教师席地而坐，婴儿坐在家长的前方，教师盘腿坐在家长和婴儿的对面。

教师情绪饱满，面带微笑，挥挥手说："宝宝们好，我是×××老师。"请各位家长轮流握着宝宝的手，有节奏地拍手并代宝宝说："大—家—好，我—是—×—×—×！"

教师面带微笑，挥挥手说："宝宝们好，请你和我拉拉手好吗？"教师上前和一位婴儿拉拉手，说："你好。"请家长代宝宝介绍自己："你好，我叫×××！"其他家长一起握住自己家婴儿的手，拍手说："×××，欢迎你。"教师叫出这位婴儿的名字，并再次和这位婴儿拉拉手。

温馨提示：如果婴儿不愿意和教师握手，不必强求。教师应逐个与婴儿拉拉手，不能漏掉一人。

2. 肢体活动：大脚小脚

活动目标：帮助婴儿练习站立和行走。

活动准备：仿真娃娃1个。

活动过程：家长坐着，双手扶住婴儿腋下，婴儿站在家长的膝盖上。家长扶着婴儿，让他在自己的膝盖上跳跃，然后略松开手让婴儿自己站立。当婴儿失去平衡时，家长要及时扶住婴儿，防止婴儿跌倒。

家长和婴儿面对面地站，婴儿的小脚踩在家长的大脚上。家长用双手轻轻扶住婴儿双臂，等婴儿站稳后，家长一边念儿歌"一二一，走呀走，我和宝宝手拉手，一起迈步向前走"，一边轻轻迈步带动婴儿一起往前走。

温馨提示：此活动适合学步儿。一开始，家长可以扶着婴儿的腋下练习站立，让婴儿每天练几次，每次几分钟。

3. 阅读活动：早上好

活动目标：婴儿愿意听成人讲故事，初步了解动物的叫声。

活动准备：动物手偶若干，自制大书《早上好》。

活动过程：教师出示大书："宝宝们，我们一起看书了。"讲第一遍故事时，教师要逐页讲故事。讲第二遍故事时，用手偶边表演边讲故事。随后，给每个婴儿一个手偶，教师讲述故事，家长协助婴儿和教师一起表演。

温馨提示：回家后，家长可以每天给宝宝讲《早上好》的故事，平时也可以引导婴儿用招手等动作向别人打招呼，学说"早上好"。

4. 精细动作活动：动物玩具

活动目标：促进婴儿手眼协调能力的发展。

活动过程：教师提供小公鸡、小鸭子、小花狗等动物玩具，引导婴儿去抓握。婴儿抓到某个动物玩具后，家长模仿相应的动物叫声，并鼓励婴儿模仿发出同样的动物叫声。

5. 音乐活动：小猪

活动目标：初步培养婴儿的节奏感和对音乐的兴趣。

活动准备：小猪造型的小推车若干。

活动过程：教师出示小猪造型的推车，激发婴儿的兴趣："宝宝们，这是什么动物呀？"教师边念儿歌边做动作："小猪小猪噜噜，肚子吃得鼓鼓，扇扇耳朵呼呼，出门去找姑姑。"家长扶着婴儿的手，跟着教师边念儿歌边表演动作1～2遍。

6. 感觉统合活动：彩虹伞

活动目的：丰富婴儿的视觉，体验集体活动的快乐。

活动准备：彩虹伞一顶，节奏明快的音乐。

活动过程：教师和一位家长拉着彩虹伞直径两端站立，让彩虹伞形成"山洞"状，家长抱着婴儿有序地从一端进，另一端出。大家还可以边念儿歌边钻山洞："钻山洞，钻山洞，山洞长长像条龙，这边进，那边出，山里山外两头通。"最后，教师带着家长和婴儿一起边念儿歌边卷彩虹伞："卷卷卷，卷花卷，卷成一个小花卷；卷卷卷，卷花卷，卷成一个大花卷。"

7. 社交活动：老师再见

活动目标：培养婴儿初步的社交能力。

活动过程：游戏结束后，有些婴儿仍有继续游戏的兴趣，教师和家长要给予满足。最后，家长整理物品准备离开时，教师与每一个婴儿握手，拥抱，说"再见"。

温馨提示：分别的时候，教师与家长、婴儿要有亲切的告别，家长可以说"宝宝玩得真开心""我们下次再来"等。

二、托育机构乳儿班照护服务

托育机构依据《托育机构设置标准（试行）》和《托育机构管理规范（试行）》，为婴幼儿提供全日托、半日托等照护服务。托育机构的课程设立是全面性的，主要包括看护、保育和早期学习，为婴幼儿提供专业的成长方案，同时为家长提供专业的育儿知识和指导。

相比于早教中心，托育机构可以更好地为职场家长服务。婴幼儿可以在托育机构中逐步适应群体生活，养成良好的生活卫生习惯，获得全方位的发展。

（一）托育机构乳儿班服务内容

乳儿班的婴儿（6～12月龄）会认生，经过一段时间他们才开始熟悉老师；开始学着接受用勺子吃东西，用嘴啃咬，逐渐过渡到自己拿东西吃；他们逐渐学会爬行、扶着站、扶着走；逐渐会用手指捏取小物品，模仿着敲敲打打；可以理解一些语言，会用特定的动作表示特定的意思，如再见、谢谢等。托育机构的保育工作应遵循婴儿的年龄特点，对6～12个月的婴儿进行营养、睡眠、生活卫生、动作、语言、认知、情感和社会性等方面的照护。

1. 教师工作

托育机构乳儿班的教师需要为婴儿安排适宜的一日生活作息。

表1-9 乳儿班一日生活时间安排

时间	内容
8：00～9：00	快乐来园，量体温，身体检查，自由探索
9：00～9：30	小屁屁干爽时间，音乐欣赏
9：30～10：00	户外游戏及日光浴
10：00～11：00	辅食时间
11：00～11：30	适宜性发展活动
11：30～12：00	讲故事
12：00～12：30	进餐，音乐欣赏，量体温
12：30～15：00	午睡
15：30～16：00	自由探索
16：00～16：30	喝奶，吃点心，音乐欣赏，整理服装和个人物品，量体温，身体检查
16：30～17：00	离园
备注	每天量体温三次，以切实掌握婴儿的身体状况

（目前，很多托育机构应家长的需求，服务时间较长，可延长至17点。）

教师可以尽可能利用某段时间单独照看某个婴儿，而不是同时照顾所有的孩子，这样能避免给婴儿换尿布、穿衣服时十分忙乱。乳儿班的婴儿年龄较小，需要较长时间将自己的生物钟调整为集体活动时间。教师应慢慢地、温柔地帮助每个婴儿调整他们的生物钟，有时可能需要几个月的时间。在调整婴儿生物钟时，注意不要让婴儿太困或太饿，这会让婴儿感到压力，并想进行反抗。进餐前、换尿布时，教师可以给婴儿唱歌、做手指游戏、念儿歌，避免婴儿无事可做。换尿布的桌子要放在一眼能看到整个房间的位置，保证在给婴儿换尿布时看到其他所有的婴儿，千万不要背对着那些正在玩耍的婴儿。

除了进餐、换尿布及睡眠时间外，教师还应适时融入适宜性发展课程。

表1－10　乳儿班教育活动安排

发展性照护	大肢体动作	精细动作	语　言	认　知	社会情感
乳儿班	爬,扶着站,扶着走,骑木马,爬楼梯等	食指拇指捏取物品,手眼协调地操作玩具(敲、打、拎)	理解,表达,对话互动	听音乐	入托适应,打招呼,说再见

2. 创设安全的环境

乳儿班的环境应根据婴儿的发展来规划,可以有供自由爬行的爬行垫,帮助婴儿认识自我的墙边镜,帮助婴儿学步的学步桥,富有吸引力的玩具等;这些设施和玩具能刺激婴儿视觉、听觉、嗅觉、味觉、触觉等多感官的发展。

除了游戏区,还应设有睡眠区,帮助婴儿获得高质量的睡眠。

教师需要确保活动场地的安全,特别要考虑当教师在洗手或给一个婴儿换尿布时,如何应对其他独自玩耍的婴儿的安全问题。

可以布置两个安全的、四周有围栏的开放场地,铺上地毯或垫子,让婴儿在这里玩。准备两个场地,是为了让不同年龄的婴儿有各自玩耍的空间,以免相互影响。那些已经能爬能走的婴儿,需要更大的开放场地。教师准备一些玩具,放在婴儿能够到的地方,比如开放式柜子的底层;同样的玩具要准备多个,以免婴儿争抢;玩具要经常更换。用来分隔活动场地的柜子等家具要低一些,这样教师才能一眼看到整个房间的情况,但是也要确保婴儿不会翻过这些柜子。

教师可以抱着年龄较小的婴儿,引导他和教师一起观察大年龄的婴儿并告诉他大孩子们在做什么。要把日常保育时间同时作为和婴儿的独处时间。和婴儿说话时,记得要看着他的眼睛,这能让他感受到自身的重要性。

可以给同一发育阶段的婴儿做同样的活动;如果大年龄的婴儿感兴趣,也可以让他们参加为小年龄婴儿准备的活动,因为他们仍对小时候做过的活动有兴趣。

3. 成立家园管理系统

教师要每天告知家长孩子的信息,如孩子吃了什么、什么时候睡觉、参加了什么活动,这样可以帮助家长了解孩子的发展状况;或者及时在线上联系家长,上传婴儿的照片、视频及相关的课程内容。

用各种形式听取家长对托育机构的意见和建议,并及时进行反馈。每月一次电话回访,及时反馈婴儿的情况,告诉家长他们的孩子喜欢哪项活动,询问婴儿在家的情况,了解家长需求。家长感兴趣的是托育机构能为他们的孩子做些什么,如果托育机构能为他们的孩子提供个性化活动方案,他们就会十分高兴。还可以在托育机构的入口处布置一个海报栏,贴上近期活动的信息,以及孩子们的趣事等。

【情景再现】

乳儿班招收 6～12 个月的宝宝,为混龄乳儿班,保育老师与婴儿人数比应不超过 1:3。

班里有 8 个月大的小面条(男孩),6 个月入托,现在已经入托 2 个月了;10 个月大的双胞胎吉祥和如意(都是女孩),入托 2 个多月了;12 个月大的二胖(男孩)刚入托。班级里有 2 位老师。

今天是二胖第一次到乳儿班。一大早,妈妈就把二胖送来了,懵懂的二胖对一切都感到很新鲜。不一会儿,小面条也来了,他们正在做晨检呢。做晨检的时候,老师会了解每个婴儿的需要,把握其情绪,尊重和满足其爱抚、亲近、搂抱等情感需求,创设温暖、愉快的氛围。

到宝宝们的喝奶时间啦,老师一边帮吉祥洗手,一边和她轻声地说:"小手洗干净了,就可以喝奶啦。"洗完手后,老师耐心地教他们如何使用小毛巾擦手。二胖快 1 岁了,老师要特别留意培养他学着自己洗手。老师应在每天婴儿来园、喝奶或吃饭前、离园前,组织婴儿洗手。

乳儿班有专门的母婴室,老师冲调好配方奶,小面条自己喝奶,老师夸他真能干。双胞胎姐妹自己喝奶,老师也表扬了她们。

老师给小面条换了尿片。换完尿片顿时干爽了不少呢。老师应及时给婴儿更换尿布,保持婴儿臀部的干爽清洁。

中午进餐时,小面条需要添加辅食了,老师每天会为他制作辅食,如米糊等。双胞胎姐妹吃的品种比小面条丰富,有软饭、肉末、碎菜等,她们需要多练习咀嚼能力。二胖快 1 岁了,能学着自己吃。给婴儿添加辅食,从富含铁的米糊开始,遵循由一种到多种、由少到多、由稀到稠、由细到粗的原则;辅食中不添加糖、盐等调味品。老师应注意观察婴儿所发出的饥饿或吃饱的信号,不强迫喂食;鼓励婴儿尝试自己进食,培养其自己进餐的兴趣。

吃过午餐,宝宝们要睡觉了。小面条睡在自己的小床上,老师会在旁边哄他入睡。双胞胎姐妹睡一张大床。教师会注意观察婴儿的睡眠状态,同时逐步培养他们独自入睡的习惯。

在一日生活活动之外,老师还注意穿插各种早期学习机会,助力婴儿全面发展。

小面条已经能爬啦,老师带他爬阶梯;他会扔手上的球,老师弯下腰帮他捡回来,他又把球扔走了,老师又把球捡回来,他们就这样互动了十几回;老师给小面条照镜子,他还不太明白镜子里的人像是自己;每天的户外时光,老师扶着小面条站一会儿,练习站立,同时看双胞胎姐妹和二胖骑大马、玩大龙球。

图1-52 一起看书

每天都有阅读时间,小面条、双胞胎姐妹和二胖在老师的带领下看书。

(二) 操作指导

1. 乳儿班进餐环节的流程

乳儿班每天都有营养师制作食谱,保证婴儿摄入的营养均衡。每个婴儿的情况不同,有的婴儿需要老师喂,有的婴儿试图尝试自己吃。婴儿有自己吃饭的动机时,教师可以对婴儿作出积极的评价,如"哇! 你自己把饭吃完了"。这种互动是一种激励孩子进步的方式。

用餐前:教师先擦拭并消毒桌子。婴儿依次洗手、入座、戴围兜。等所有婴儿入座后开始用餐,培养孩子良好的用餐礼仪。

用餐时:1岁左右抓握能力较好的婴儿,鼓励他们自己握汤匙吃,教师在旁边鼓励和协助即可。还不能自己用餐、需要喂的婴儿,不要将食物直接送入他的嘴中,而是距离他的嘴边1～2厘米,让他主动将头往前伸、张嘴就食,这有助于他日后自己用餐。用餐时可以放些轻松愉快的音乐,但节奏不要太快,音量也不宜过大。用餐时,婴儿间距不宜太近。提醒婴儿用餐时尽量不要大喊大叫,以免食物呛入气道。

用餐后:引导和协助婴儿将餐具收起来,再洗手、擦嘴、漱口。

2. 与乳儿班家长的互动

欢迎家长抽空来托育机构与孩子共进午餐或点心,这样孩子会很高兴。如果家长要喂奶的话,任何时间都可以,可以安排一个既舒适又不受打扰的空间。

可以问问家长孩子在家用餐的情形,比如吃些什么,喝些什么。有了这些信息,托育机构可以提供一些相同的餐点,从而营造类似家庭的用餐氛围。

询问家长孩子是否有过敏疾病或经常出现被食物噎到的情形,这有助于托育机构更好地照顾孩子。

设计婴儿的餐点不是一件容易的事,托育机构可以与家长一起双向交流,分享制作婴儿食物的心得。

三、社区指导性照护服务

社区指导性照护服务是指社区亲子中心面向社区婴幼儿及其家庭,开展婴幼儿早期养育指导的服务,包括亲子早教课、家长课堂、普惠托幼等服务。相比商业机构,社区亲子中心以推动教育公平,开展婴幼儿早期科学养育指导为主要工作,不仅以婴幼儿为服务对象,更注重在服务的过程中,通过示范和引导,将科学的育儿理念传递给家长,延伸进家庭。

【情景再现】

有了社区医生和宝妈群的陪伴,小陈顺利度过了月子,也掌握了不少带娃技能。

一转眼,小陈的宝宝快4个月了,小陈也马上要结束产假,即将返岗。她隐隐担心,她不在家,婆婆能帮忙把娃带好吗? 正好周末社区亲子中心搞活动,小陈把婆婆也带来了,这样大家可以一起学点带娃的技巧。活动中,社区医生给孩子们测量了身高和体重;教师则教家长们如何通过家里常见的物品带孩子玩早教游戏,并告诉家长这些游戏能给孩子的成长带来什么样的帮助。小陈和婆婆收获满满。

很快,小陈家的宝宝7个多月了,翻身越来越熟练,上次还差点从床上滚下来。恰巧社区有提供家庭安全空间指导的入户服务项目,小陈就预约了周末的上门服务。工作人员给小陈一家讲了宝宝学翻身、学爬行、学站立、学行走阶段家里的安全注意点,在辅食添加期间的安全注意点,又通过一个仿真娃娃示范了海姆立克婴儿急救法。小陈一家认真做笔记并拍了视频,承诺这几天马上着手改进家庭的安全环境,并勤练急救法。

因为定期参加社区开展的早教活动,小陈和婆婆掌握了不少带娃技巧,也和其他一些带娃的家长们成了好朋友,宝宝们也经常在一起玩。

(一) 线上社群育儿指导

2～3个月婴儿家庭的指导:这个阶段,婴儿家庭常面临的问题是家庭成员之间在育儿方面有矛盾,母亲产后母乳喂养困难(奶水不足、堵奶等)、恶露不尽,婴儿乳头混淆、排便异常、肠绞痛、湿疹等。这些问题社区可以通过线上渠道完成指导和培训。

线上社群还可以传递科学养育2～3个月婴儿的知识,包括睡眠习惯的培养,日常护理注意点,健康排便解析,常见疾病护理,母乳喂养指南,2～3个月婴儿感知觉、大肢体动作、精细动作、语言、认知和社交能力的培养。

4～6个月婴儿家庭的指导:国家法定产假是98天;如遇难产,可增加产假15天;生育多胞胎的,每多生育1个婴儿,可增加产假15天。大部分妈妈会在婴儿出生4～6个月后回归职场,也有一部分妈妈会因为无法平衡就业与带娃而选择成为全职妈妈。此阶段婴儿的照护者一般为祖辈、全职妈妈和育儿嫂。因此,社区的科学育儿指导工作还需要关注祖辈隔代养育等问题。

很多母亲回归职场后,会难以坚持母乳喂养,社区科学育儿指导可聚焦母乳喂养的重要性、妈妈上班"背奶"的技巧、孩子不接受奶瓶怎么办、乳头混淆怎么办等实际问题。

7～12个月婴儿家庭的指导:这个阶段婴儿的行动能力越来越强,能逐渐听懂一些成人的语言,但也越来越调皮了,会乱扔东西,大喊大叫,吃饭时抗拒或者乱抓,让家长们头疼。

针对这个阶段家长的困惑,社区科学育儿指导可开展的主题有:婴儿饮食习惯的养成,美味辅食制作技巧,婴儿学步阶段安全注意事项,婴儿乱扔东西怎么办,常见疾病预防,如何断夜奶保障好睡眠,以及运动、认知、社交、语言能力的发展等。

(二) 线下亲子育儿指导

线下的社区亲子活动侧重于通过简单有效的亲子游戏,指导家长通过家中随手可得的物品,简单的肢体动作,容易记诵的儿歌,与婴儿在家中开展亲子互动。这些亲子游戏力求家长容易模仿并能回家后坚持长期开展。一般来说,社区亲子活动以亲子阅读类、亲子运动类较为常见,还可以穿插一些手工、音乐和语言活动,让活动内容更为丰富有趣。现场辅食制作,宝宝爬爬赛,宝宝安全急救示范等内容也十分受欢迎。

社区线下亲子育儿指导服务的对象应包括普通家庭和特殊困境家庭。

(三) 操作指导

爬行对婴儿有很大的好处,不仅能锻炼婴儿的手眼协调能力,而且可以扩大婴儿的活动范围,扩展视野,促进大脑发育。

爬行多的婴儿,动作更灵活、敏捷,情绪愉快,求知欲高,耐力持久,充满活力,身体协调能力好。

亲子爬爬赛是社区亲子活动中很受欢迎的项目。可将7～12个月的婴儿分成两组,7～9个月的婴儿由家长带领,分批进行直线爬行,10～12个月的婴儿在家长的带领下,分批绕行障碍物,进行曲线爬行。为了安全,比赛区仅限一位家长陪同婴儿爬行,另一位家长可在终点处逗引婴儿向前爬。为了保持比赛场地的卫生,婴儿要兜上纸尿裤,不能穿开裆裤,比赛场地禁止一切饮食。

思考题:

1. 采访自己的父母,问问他们刚生宝宝时,记忆中最美好和最糟糕的事情分别是什么。

2. 论述婴儿添加辅食的时机、添加辅食的重要性、添加辅食的顺序和原则。制作一张适合 6～7 月龄婴儿的进食安排表。

3. 如果亲戚或朋友家的孩子 11 个月了,因为冬天衣服穿得多还不会爬,你会给出怎样的建议?

4. 与8个月的婴儿玩耍,将婴儿感兴趣的物体藏起来,观察婴儿的反应,并用相关理论进行解释。

5. 去社区医院,观察在那里接种疫苗的婴儿,根据婴儿的外貌和行为能力,判断婴儿的月龄,然后同家长核实婴儿的实际年龄,验证自己的判断是否准确。

6. 为1岁以内的婴儿(月龄段可自选)设计一日活动计划,以及2～3个亲子游戏。

7. 根据《0岁～6岁儿童发育行为评估量表》,尝试为1岁以内婴儿(月龄段可自选)进行测试,并将测试项目的操作性定义和实际过程写下来。

8. 如果你是一位母亲,想为7个月大的孩子选择一个托育机构,你会考虑哪些因素?

第二章 1~2岁科学育儿照护指导

1～2岁是个体生长发育速度较快的阶段。1～2岁幼儿生长与发育的具体情况见表2-1。

表2-1 1～2岁幼儿生长与发育状况达标参考

	1岁		2岁	
	男	女	男	女
平均体重	10.49千克	9.80千克	13.19千克	12.60千克
平均身高	78.3厘米	76.8厘米	91.2厘米	89.9厘米
平均头围	46.8厘米	45.5厘米	48.7厘米	47.6厘米
平均胸围	46.8厘米	45.43厘米	49.89厘米	48.84厘米
牙齿	上颌、下颌长出第一乳磨牙		开始长第二乳磨牙，直至16颗左右	
视力标准	0.2～0.25		0.5	
睡眠	一昼夜睡14小时左右		一昼夜睡12～13小时	
大小便	有规律地在固定时间大便，每天1～3次		会主动表示大小便，白天基本不尿湿裤子	

1. 生活能力

1～2岁幼儿开始能自己用杯子喝水(奶)，尝试在成人的帮助下自己用小勺进食，逐步养成定时、定点专心进餐的习惯，知道口渴时要喝水，饭前要洗手，饭后要擦嘴、喝水漱口；学用语言或动作表示大小便，并开始学用便盆；在成人的帮助下学脱鞋子、裤子、袜子和外衣；逐渐知道要按时起床、入睡，睡前要脱衣裤，醒后情绪愉快。

2. 其他能力

动作：在大肢体动作方面，1～2岁幼儿能独立行走、下蹲和转弯，逐渐能扶栏杆上下楼梯，后期能自如地走、跑，双脚原地并跳，举手过肩扔球。在精细动作方面，1～2岁幼儿能垒积木，能串大珠子，学着收放玩具，逐渐喜欢涂鸦。

语言：1～2岁幼儿能模仿成人说的短句，学着称呼他人，从用单词句到用简单句(双词句)表达自己的需求；能说出自己的名字；喜欢听故事、学念儿歌。

认知：1～2岁幼儿能指认和辨别周围环境中的常见物，对物体的形状、冷热、大小、颜色、软硬等特征有初步的认知；能感受音乐带来的快乐，能随着音乐节奏做模仿动作，跟唱简单的歌曲。

情感和社会性：1～2岁幼儿逐渐会表现出喜、怒、哀、乐等情绪；自我意识逐步增强，喜欢自己独立完成某一动作；经提醒会与他人打招呼；游戏时会模仿父母的动作；初步懂得简单的是非，学着遵守规则。

第一节　13～18个月幼儿的家庭照护

这个阶段的幼儿有充沛的精力，会一遍遍不停地反复做同一个动作或任务，这能不断地巩固和强化他自身已有的能力，同时又为发展新能力奠定基础。幼儿表现得越来越有自己的主张，这是自身能力增强和渴望独立的表现，但仍需要各种指导和帮助。随着独立性增强，幼儿的语言能力也日益提高，能说一些短句，而且目的性明显增强，会提出他的需求。

一、家庭监护回应式照护

（一）卫生保健

1. 健康照护

13～18个月的幼儿大多已长出上下颌第一乳磨牙，乳尖牙开始萌出；会咀嚼苹果、梨等食物，并能很协调地在咀嚼后咽下；大部分幼儿前囟门闭合时间为出生后12～18个月；开始会表示要大小便。13～18个月幼儿的体格发育状况见表2-2。

表2-2　13～18个月幼儿体格发育参考指标[①]

月　龄	体重平均值（千克）		身高平均值（厘米）		头围平均值（厘米）	
	男	女	男	女	男	女
15个月～	11.04	10.43	81.4	80.2	47.3	46.2
18个月～	11.65	11.01	84.0	82.9	47.8	46.7

（1）健康检查

1岁时和18个月时，幼儿会再次接受体检，主要项目包括称体重、量身高、量头围、验视力、测听力、检查动作发育、检查口腔等。

检查口腔：1岁幼儿一般已经出牙4～8颗，医生会查看幼儿的出牙状况，了解幼儿是否

---

① 本书编写组. 0～3岁婴幼儿托育机构实用指南[M]. 南京：江苏凤凰教育出版社，2019：265.

患有龋齿,并指导家长给幼儿做好日常口腔清洁工作。

检查囟门:前囟门通常在 12～18 个月间闭合,如果囟门闭合时间过晚或有异常,就需要做进一步的检查。

评价智能发育:1 岁幼儿已经可以爬越障碍,独自站片刻,扶物行走,会叠积木、滚皮球、拿玩具、翻书页,理解更多的语句,学着用点头和摇头表达自己的意见,可以随着音乐手舞足蹈,还能有意识地叫"爸爸""妈妈",甚至还可以说"抱""拿""给""走""要"等简单的字词,模仿能力也越来越强。

微量元素检查:主要检查幼儿血液中钙、铁、锌、硒、铜、镁和铅等的含量。如果孩子有佝偻病体征(X 型腿、O 型腿、肋串珠、鸡胸等),需要进行干预治疗。这个阶段的幼儿可以继续母乳喂养,逐步过渡至以饭菜为主、奶为辅,如果难以继续母乳喂养的,可考虑换成配方奶。如果 1 岁幼儿还没有出牙,就属于出牙延迟,可能是由缺钙引起的,要接受口腔保健指导;同时还需要多多接受语言刺激以促进幼儿语言发展。

(2)预防接种

幼儿 18 个月时,需要接种百白破疫苗第四针,麻腮风疫苗第一针和甲肝疫苗第一针。如果幼儿因特殊情况(如发烧、生病等)延迟接种疫苗,一定要在孩子身体能接受的情况下,及时补种疫苗。

(3)疾病预防

如果幼儿在安静的状态下每分钟呼吸次数(幼儿腹部一高一低是一次呼吸)超过 40 次(呼吸较平时急促),并伴有低烧、咳嗽等症状,提示有肺炎的可能,应及时带幼儿就医。

引起幼儿呕吐的原因很多,大多是由消化不良引起的,也可为外感风寒、饮食不洁、感染性疾病或急性中毒所致。若幼儿出现呕吐,应暂停进食和喝水,让胃肠得到适当的休息,同时要注意观察幼儿有无发烧、精神不振、咽部肿痛、大便异常等情况,推测可能的诱发因素。呕吐严重者可导致脱水、电解质紊乱等后果,应及时带幼儿就医。平时应注意避免不洁的食物。

呕吐是症状,不是病,比如把吃多了的食物吐出来就是一种机体自我保护的方式。这个年龄的幼儿自控力差,有喜欢吃的食物就容易吃多了,过后又都吐出来。过量进食导致呕吐的特点是没有发热的症状,幼儿吐完以后情绪和精神状态良好。幼儿过量进食呕吐后可马上给他喝点水以清洁口腔,不需作其他处理。

一般来说,幼儿体温在 38.1～39 摄氏度时为中度发热,体温在 39.1～41 摄氏度时为高热,体温超过 41 摄氏度为超高热。幼儿发烧后,要注意观察其是否有其他症状。如果幼儿精神好,胃口好,可让幼儿安静休息,少量多次喝点果汁。如果孩子体温超过 39 摄氏度,可适当用一些退热药物。如果孩子发烧的同时伴有呕吐、嗜睡、烦躁、抽搐等,应及时带孩子就医。

少数幼儿会因为体温过高而出现高热惊厥,家长应立刻带孩子去医院,并防止呕吐物堵住气道引起窒息。给幼儿使用退热药时,体温有反弹是正常的,不要急于快速退热。

2. 安全照护

要为幼儿创设安全的生活环境。避免有人在室内吸烟,家具应牢固、无锐角或带有防护包角,所有尖锐物品、药品、易碎品、电器、烫的物品、化学用品或杀虫剂等均应置于幼儿够不到的地方,具有潜在风险的出口均应安装安全护栏(如厨房、楼梯口),所有细小的易导致误吞的物品(如电池、硬币)应妥善放置。幼儿的日常活动应在照护者的视线范围内。

【情景再现】

今天,我坐在婴儿椅上,看见妈妈要出门,就哭闹起来。因为用力过度,我从椅子上摔了下来。幸亏地上有软垫,有惊无险。其实我哭闹还有一个原因,我会爬、会站、会走了,你们还把我困在小椅子上,我抗议。

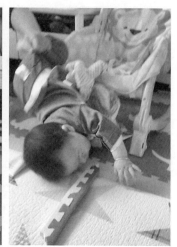

图2-1　我从椅子上摔下来

3. 操作指导

18个月的幼儿可以:

- 独自站、独自走、独自蹲下再站起来,会抬一只脚做踢的动作;

- 走路时能推、拉或者搬运玩具;

- 有8～14颗乳牙;

- 能做简单的打鼓、敲瓶等动作;

- 能重复一些简单的声音和动作;

- 能听懂和理解一些话,能说出自己的名字;

- 喜欢听儿歌和故事,听成人的指令能指出书上相应的内容;

- 能用一两个字表达自己的意愿;

- 能从杯中取出小玩具;

- 能有意识地叫"爸爸""妈妈"等;

- 能区分家人不同的称谓,辨别家中熟悉的物品;

- 能认出镜子中的自己;

- 能叠起 2～3 块积木;

- 能自己用杯子喝水,用勺子吃饭;

- 能指出身体的某几个部位;

- 能和其他孩子一起玩片刻。

如果以上内容 18 个月的幼儿都能做到,那说明孩子发展得很不错!

如果孩子有 4～5 项未能达到,那就要多做相关练习;如果有一半项目没有达到标准,那就要加把劲;如果又经过 1～2 月的努力还未能达到标准,就要求助于医生了。

发展警示:如果幼儿 18 个月时囟门仍未闭合,不能表现出多种情感(如愤怒、高兴、恐惧等),不会爬,不会独自站,就需要及时就医。

(二) 生活照料

1. 营养

(1) 科学喂养

13～18 个月的幼儿每天可安排三餐两点,奶量 500 毫升。这个阶段的幼儿应学习自主进食,并尝试清淡的食物。家长备餐时不要刻意加盐等调味料,必要时可以将幼儿的食物单独切碎。每天应保证幼儿摄入 1 个鸡蛋,50～75 克的鱼禽肉,50～100 克的谷物,以及适量新鲜的蔬菜和水果。

13～18 个月的幼儿一日餐点时间安排可参考以下内容。

7:00～7:30 母乳/配方奶＋早餐

10:00～10:30 母乳/配方奶＋水果或其他点心

12:00～12:30 午餐(鼓励幼儿自己吃)

15:00～15:30 母乳/配方奶＋水果或其他点心

18:00～18:30 晚餐(鼓励幼儿自己吃)

21:00～21:30 母乳/配方奶

这个阶段的幼儿需要"断奶"了。这并非意味着幼儿不吃奶了,而是不再以乳汁和配方奶为主要营养来源。乳汁和配方奶已经不能满足这个年龄阶段幼儿的营养需求,他们需要建立新的饮食习惯。

1岁以后,幼儿总的热能需求量高于婴儿期,但每公斤体重所需的热能却低于婴儿期。若辅食添加不合理,易造成幼儿营养不良,通常表现为食欲欠佳、抵抗力弱、动作发育落后、骨骼畸形等,因此,家长要多注意观察。如果幼儿消瘦,但体重和身高呈持续增加状态,饮食量虽减少,但大便每天1～3次,精力旺盛,无皮肤苍白等现象,那么幼儿仍为正常的发育状态。

家长不必过于担心幼儿的食欲时好时坏,这是正常的。尤其是一些肥胖的幼儿,有时出现拒食,也是一种正常的生理保护机制,成人要尊重幼儿的选择。

自己进食是一项基本技能,对幼儿的智力发展和非智力因素发展均有深刻的影响。要给予幼儿充分时间学习自己进食并反复实践,家长包办代替反而剥夺了幼儿的学习机会。

培养幼儿良好的饮食习惯,家长不要提供烧烤、火锅、腌渍、辛辣等刺激性食物,应多提供蔬菜,鱼肉,以及低盐、少油的清淡食物。创设良好的进食环境,控制零食,培养幼儿对食物的兴趣,不要强迫幼儿进食。家长要以身作则,不挑食,不暴食暴饮等。

（2）家长照护要点

这个时期的幼儿乳牙还未长齐,咀嚼能力仍未完善,消化道的消化功能亦较差,依旧要吃些细、软、烂的食物。从保健和教育相结合的角度来说,可适当提供一些固体食物,锻炼幼儿的咀嚼能力,并鼓励幼儿自己动手拿食物吃。

2. 生活卫生

帮助幼儿建立有规律的生活,按时起床、入睡。白天可睡1～2次,一昼夜睡12～14小时。

鼓励幼儿自己用杯子喝水（奶）,停用奶瓶;尝试在成人的帮助下自己用小勺吃饭;养成定时、定点专心进餐的习惯;养成饭前洗手、饭后擦嘴的习惯。

引导幼儿用语言或动作表示大小便。同时提供适宜的便盆,引导幼儿逐步形成一定的排便习惯。

【情景再现】

一周岁了,我能自己用小勺吃饭;我的奶瓶已经停用,喝水、喝奶都用吸管;见到好吃的我会自己去拿。我经常要去理发,理发时已经不哭了;我还试着模仿刷牙;能自己入睡。大家都夸我能干。

图2-2　理发我不怕

3. 操作指导

引导幼儿学习自己剥香蕉,一方面了解香蕉的颜色、形状和味道,另一方面锻炼幼儿的手指肌肉力量,提高生活自理能力。

家长先带着幼儿洗手,和幼儿一起说说香蕉"黄黄的、弯弯的、软软的,像月亮、像小船"。家长把香蕉一端的皮撕开一个小口向下拉,然后引导幼儿剥开剩余的香蕉皮。剥完香蕉,请幼儿吃香蕉,体会香蕉是甜甜的,有绵软的口感。最后,指导幼儿把香蕉皮扔进垃圾桶,并学着洗手和擦嘴。

二、家庭早期学习机会适宜性照护

(一) 大肢体动作发展

1. 大肢体动作发展重点

13～18 个月的幼儿会独立行走,走路时喜欢推、拉、拿着玩具;能独自蹲下和站起;扶着一手,能上下楼梯 2～3 级;会跑,但不稳;会滚球、扔球,但无方向。

此阶段应重点锻炼幼儿的平衡能力,增强腿部、腰部力量,向迈步行走过渡。

结合《0 岁～6 岁儿童发育行为评估量表》中 13～18 月龄幼儿大肢体动作测评项目,可以指导家长与 13～18 个月的幼儿开展亲子互动。

牵拉站立(13 月龄):幼儿坐在小椅子上,座位高度以两脚能触地为宜。家长两手的食指分别放入幼儿的两手中,等幼儿握紧后轻轻向上拉起,使幼儿慢慢站起片刻,每天若干次。

独自迈步(14 月龄):当幼儿扶物站立时,家长在幼儿近处逗引他,使他无意识中独自向前迈步。待熟练后,再从不同方向逗引幼儿前行,最终达到能独自迈步的目的。

独走自如(15 月龄):家长观察幼儿走路的情况,引导幼儿走路不左右摇摆,会控制步速。

推小车走(16 月龄):使用儿童小车,家长示范推车动作,然后鼓励幼儿抓住小车把手推小车。开始时,家长扶着车把手与幼儿同步向前走,待幼儿适应后,可由其独自推车行走。

弯腰拿物(17 月龄):在幼儿行走过程中,家长把玩具置于地上,引导幼儿弯腰捡起物品,在反复练习中,锻炼幼儿的腿部力量。

自由转身(18 月龄):当幼儿能够独立迈步后,可以增加自由转向迈步的动作练习,家长在幼儿前后左右逗引幼儿,促使其学会在行走的过程中转身。

13～18 个月的幼儿喜欢站立和行走。一般来说,幼儿能在 14 个月左右独自行走,能够蹲下再站起,有的甚至能够倒退一两步拿东西。15个月左右的幼儿可以行走自如,还喜欢边走边推着或拉着玩具。幼儿能独立行走,说明他的骨骼、肌肉和平衡、协调能力都发育正常。直立行走解放了幼儿的双手,使得幼儿手眼协调的动作大幅增加,这对幼儿的脑发育和认知发展都有促进作用。

家长应多带幼儿去户外活动,加强大肢体动作的训练。在保证安全的前提下,家长还可以带幼儿玩滑梯,让幼儿熟悉更多的肢体动作。

【情景再现】

刚满1岁时,我还不能独立行走,渐渐地,我能扶着站扶着走了,最后我真的能自己走了!家人每天都带我去户外,我们一边晒太阳,一边走走玩玩。刚开始我走得不稳,遇到小沟小坡都要摔跤,渐渐地,我能比较快速地走(控制不住地小跑),我看到了小花、小草和小蝴蝶……我充满好奇,尽情玩耍,享受阳光,享受自由。这个阶段,我的活动量增大,每天吃得多、睡得香,运动技能大大提高。家里还买了大型玩具滑梯,我每天爬上爬下,从不敢上楼梯、不敢坐着滑,到上下楼梯自如、滑行自如,身体的协调性和灵活性得到了锻炼。

图2-3　爬滑梯　　　　　　图2-4　骑平衡车

我快14个月时,刚会自己走路,就尝试骑平衡车了。我还不能很好地自己上车,但能自己下车并获得成功!真开心。

2. 操作指导

引导幼儿锻炼膝关节的灵活性,增强腿部肌肉力量。

引导幼儿双手或单手扶着护栏走过略有坡度的路面。逐渐增加坡度,或搭建一个障碍物,引导幼儿从一侧爬到另一侧,或扶着他从一侧走上去,从另一侧走下来。

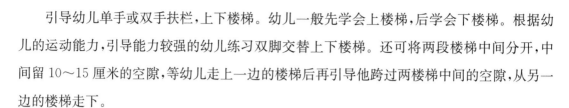

引导幼儿单手或双手扶栏,上下楼梯。幼儿一般先学会上楼梯,后学会下楼梯。根据幼儿的运动能力,引导能力较强的幼儿练习双脚交替上下楼梯。还可将两段楼梯中间分开,中间留10~15厘米的空隙,等幼儿走上一边的楼梯后再引导他跨过两楼梯中间的空隙,从另一边的楼梯走下。

还可将几种练习随意组合,让幼儿进行综合练习。

(二) 精细动作发展

1. 精细动作发展重点

13~18个月的幼儿会用2~3块积木垒高;能抓住一支蜡笔涂鸦;会用水杯喝水;会模仿家人做家务,如扫地。

此阶段应重点锻炼幼儿拇指食指对捏的能力,增强手指的灵活性。

结合《0岁~6岁儿童发育行为评估量表》中13~18月龄幼儿精细动作测评项目,可以指导家长与13~18个月的幼儿开展亲子互动。

练习投放动作(13月龄):取一只小瓶,家长把瓶盖打开,然后当着幼儿的面,逐个将小饼干丢入瓶中,让幼儿试着模仿。

练习挤捏动作(14月龄):准备挤捏后会发声的玩具(如尖叫鸡玩具),家长用手反复挤捏玩具使其发出声响,然后鼓励幼儿模仿,锻炼幼儿的手指力量。

自发涂鸦(15月龄):家长提供纸和笔,鼓励幼儿用笔在纸上涂鸦。

从瓶中拿到小饼干(15月龄):家长出示装有小饼干的瓶子,递给幼儿,说:"想要瓶子里的饼干怎么办?"观察幼儿能否将小饼干拿出或倒出。

装和倒豆子(16月龄):家长准备一些黄豆或小米,放入大盆中。给幼儿两个塑料杯,让他用塑料杯装和倒黄豆或小米。家长要注意看护,以免幼儿把黄豆或小米放进嘴巴、鼻孔、耳朵等。

穿珠练习(17月龄):准备中间带孔的塑料珠或大纽扣,引导幼儿用干净的鞋带把珠子或纽扣穿起来。

积木垒高(18月龄):家长用积木垒高,推倒后再一块一块出示积木,鼓励幼儿模仿着用3~4块积木垒高。

精细动作练习需要手眼配合,是对协调性要求较高的活动。

这个时期的幼儿对各种瓶子、瓶盖感兴趣,喜欢拧门把手。家长可以提供各种瓶子和盖子,以及拧螺丝的玩具,让他专注地进行相关练习。

【情景再现】

我用拇指和食指捏住一颗玉米粒,使劲往茶壶嘴里塞,尝试几次后,我知道光塞还不行,塞完还要用食指尖顶一下。终于成功了!

图2-5　用拇指和食指塞玉米粒　图2-6　用食指把玉米粒顶进去

我刚会走路不久,就喜欢搬纸箱,虽然很费劲,但我始终不放弃。我还喜欢拎着大纸袋摇摇摆摆地走路。

我对瓶盖很感兴趣,洗完澡就喜欢玩润肤乳的瓶子和盖子。妈妈专门准备了这些东西让我探索。虽然我在努力尝试,但我对扭动瓶盖的力量和方向还是有点迷糊。

我对撕纸、切玩具蛋糕、敲玩具和扣保险带都很感兴趣。扣保险带时对上容易,插进去难,需要对准插孔用力插。我玩这些物品可以坚持 20 分钟,非常专注。

图2-7　尝试拧瓶盖

2. 操作指导

引导幼儿锻炼手部的精细动作,提高专注力。

家长把 3 组大小不一的瓶子和瓶盖放在一起,鼓励幼儿给瓶子盖上与之匹配的瓶盖。

幼儿在游戏的过程中,或许一时找不到合适的瓶盖,家长应鼓励幼儿自己多去尝试,直至找到合适的瓶盖。

刚开始游戏时,幼儿能把瓶盖放在瓶口上不掉就可以了。对初次玩游戏的幼儿,要选择大小区别较大的瓶子和瓶盖,便于幼儿识别。之后,可以选择大小区别不太明显的瓶子和瓶盖,增加一些难度。

（三）认知发展

1. 认知发展重点

13～18个月的幼儿喜欢用嘴、手试探各种物品；会长时间观察自己感兴趣的事物，并用手势和声音表示不同的反应；能根据物品的突出特征对熟悉的物品进行简单的分类；会指认某几个身体部位；会模仿一些简单的动作或声音，开始自发地玩模仿性游戏，如用玩具电话打电话；能理解简单的因果关系。

此阶段应重点引导幼儿对事物的观察和体验。

结合《0岁～6岁儿童发育行为评估量表》中13～18月龄幼儿认知发展测评项目，可以指导家长与13～18个月的幼儿开展亲子互动。

用手揭开包装物（13月龄）：家长准备一些积木和纸，把积木包在纸里。家长先示范把一块积木的包装纸揭开，然后再把积木包上，让幼儿试着模仿练习。在日常生活中，家长可以随时使用身边不同的物品与幼儿展开互动。

练习拼积木（14月龄）：家长先用积木搭成一组图形给幼儿看，以引起幼儿的兴趣，然后握住幼儿的手协助他摆放积木，最后由幼儿独自随意摆放积木。

盖上圆盒盖（15月龄）：家长示范将圆盒的盖子盖好，鼓励幼儿模仿着将盒盖盖上，并盖严。

会指眼耳口鼻手（16月龄）：家长问幼儿"眼睛在哪里""耳朵在哪里""嘴巴在哪里""鼻子在哪里""小手在哪里"，观察其反应，幼儿能正确指出3个或3个以上身体部位。

正放圆积木入盒子（17月龄）：准备一个有圆孔的盒子，一个圆积木。家长对幼儿说"把圆积木放进盒子里"，不做示范动作。幼儿能准确地将圆积木一次性塞进盒子圆孔内。

拧动盖子（18月龄）：家长取塑料透明小瓶一只，里面放入小饼干若干，家长在幼儿面前示范拧开瓶盖，倒出小饼干，幼儿品尝后再把盖子稍微拧上。鼓励幼儿自己拧瓶盖，让幼儿初步了解取小饼干和拧瓶盖之间的关系。

幼儿很早就在用感官去看、去听、去认识周围的世界，幼儿1岁以后会对各种自然现象和社会现象抱有极大的兴趣。

【情景再现】

我15个月时，有机会和家人一起坐船旅行。我在甲板上晒太阳、吹海风、听海上的波涛声，看蓝蓝的大海一望无际，大自然好神奇。

我还在海边玩沙、玩水，太开心了。

图2-8　海边玩沙　　　　　　图2-9　在家玩水

旅行回来,我更喜欢玩水了,妈妈给我准备了许多洗澡时可以用来玩水的玩具,还有塑料的洗澡书遇水会变颜色,真有趣。正值夏天,妈妈把大浴缸放满水,我在浴缸里玩得可开心了。

2. 操作指导

引导幼儿初步理解常见的事物之间的对应关系。

家长准备画有小猫、小狗、小公鸡、小山羊、鱼、肉骨头、虫子和青草的图片。家长拿着鱼的图片说:"鱼给谁吃?"观察幼儿是否会拿出小猫的图片。家长接着拿出肉骨头的图片问:"肉骨头给谁吃?"观察幼儿是否会拿出小狗的图片。以此类推,游戏可反复进行。

引导幼儿初步了解常见事物之间的对应关系有助于思维的发展。在平时的生活中,应提醒幼儿多观察,如下雨时人们手拿雨伞、脚穿雨鞋,吃饭时人们用筷子和勺子等。

(四) 语言发展

1. 语言发展重点

13～18个月的幼儿能听懂成人发出的简单指令;开始会说出自己的名字、熟悉的人名和物品的名字;会使用日常生活常用的动词;会模仿常见动物的叫声;有时用表情、手势代替语言进行交流;对语言的理解能力超过语言的表达能力;开始知道书的概念,喜欢模仿成人翻书。

此阶段应提供丰富的视听内容,帮助幼儿积累有效的语言信息,促进其语言模仿和表达能力的发展。

结合《0 岁～6 岁儿童发育行为评估量表》中 13～18 月龄幼儿语言发展测评项目,可以指导家长与13～18个月的幼儿开展亲子互动。

叫爸爸妈妈有所指(13月龄)：家长观察幼儿见到爸爸、妈妈时,是否会有意识并准确地叫出"爸爸"或"妈妈"。

指认、说词(14月龄)：家长引导幼儿先说单字,再说词语,如"鸭——鸭子""狗——小狗"等。当幼儿能发出字音后,继续引导幼儿一边用动作表演一边模仿发音,如："宝宝,这是什么呀？噢,对了,鸭子怎么叫呀？"鼓励幼儿将直观形象和抽象思维联系起来,促进语言的发展。

说3～5个字(15月龄)：家长鼓励幼儿有意识地模仿成人的发音和所说的短句。

多观察(16月龄)：在看图片、读图片的过程中,家长引导幼儿记住画面上图像的特征,如看到长颈鹿时,家长可以这么引导："宝宝,这是长颈鹿,你看看他的脖子有多长呀,摸摸看,宝宝的脖子好短。"这么做可以增强幼儿的观察能力。

感官接触(17月龄)：让幼儿多接触实物,通过各种感官直接感受,并跟着学习语言表达,如："宝宝,你看这只苹果真大,大——苹——果"。

听读、认图(18月龄)：在看图、听读的基础上,家长随机向幼儿提问,如"宝宝,找一找,哪个是小猫？""宝宝,大象在哪里？""再找找老虎在哪里呢？"等,以增强幼儿的语言能力和认知能力。

13～18个月的幼儿已经能理解简单的话语,遵循简单的指令。家长可以用温和的话语安慰受伤的孩子,还可以表扬孩子良好的行为。

【情景再现】

看我像不像爸爸打电话时的样子？虽然我还不会说话,但嘴巴里能"呜噜呜噜"地发出声音,我在模仿爸爸打电话的动作和姿态。

图2-10　模仿爸爸打电话

平时,妈妈常常考我:"鼻子在哪里? 耳朵在哪里? 电灯在哪里?"我都会指给妈妈看。妈妈说话我都能听懂,并能按照妈妈的指令行事。妈妈夸我真棒!

2. 操作指导

引导幼儿模仿打电话,提高语言能力。

家长出示玩具电话:"喂喂喂,你在哪里呀?"接着询问:"宝宝想给谁打电话呀?"

家长边示范打电话,边念儿歌:"两个小娃娃,正在打电话。喂喂喂,你在哪里呀? 喂喂喂,我在家里呀。"

家长与幼儿面对面坐,一起玩游戏"打电话"。幼儿手拿电话放在耳边,尝试跟着家长一起念儿歌,唱歌曲。

家长可以用夸张的语言和动作激发孩子的兴趣,增加游戏的乐趣。

(五) 情感与社会性发展

1. 情感与社会性发展重点

13～18个月的幼儿对陌生人会好奇;能在很短的时间内表现出丰富的情绪变化,如兴高采烈、生气、悲伤等;看到别的孩子哭时,会表现出痛苦的表情或跟着哭;喜欢单独玩或观看别人游戏;开始对别的孩子感兴趣,能共同玩一会儿;会依恋带给他安全感的物品,如毯子;开始能理解并遵从简单的行为准则和规范;对所有的突然变化表示反对,会表现出情绪不稳定。

此阶段应引导幼儿多接触外界事物,提高社会交往和沟通能力,增强对大小便的控制能力。

结合《0岁～6岁儿童发育行为评估量表》中13～18月龄幼儿情感与社会性测评项目,可以指导家长与13～18个月的幼儿开展亲子互动。

共同注意(13月龄):观察幼儿能否关注家长指示的某一场景或过程,与家长有共同注意的过程。

穿衣知配合(14月龄):给幼儿穿衣时,家长观察幼儿是否有伸手、伸腿等配合动作。

会脱袜子(15月龄):家长观察幼儿脱袜子的行为,看幼儿能否有意识地脱下袜子。

感知整体概念(16月龄):家长帮助幼儿先熟悉分类的概念,然后再逐步细化分类的标准。如无论大小、形状、材料如何不同,可以先统一称呼为"娃娃",等幼儿熟悉后,再引导幼儿区分"小兔娃娃""公主娃娃"等。

会用勺(17月龄):鼓励幼儿自己用勺吃饭,允许少量撒出来。

白天能控制大小便(18月龄):幼儿经人提醒后会主动大小便,或者能主动示意大小便,白天基本不尿湿裤子。

1岁左右,幼儿有目的的模仿就开始了。模仿,指幼儿自觉或不自觉地重复他人行为的过程。模仿是人类最原始的学习,如果幼儿开始出现模仿行为,那就表明幼儿的心智已经发展到一定的程度。幼儿选择性的模仿通常集中在对父母行为的模仿上,比如扫地、拖地、炒菜、打电话等。家长可以和幼儿玩一些镜像反应的游戏,即幼儿模仿父母的动作时,父母也模仿幼儿的行为,这会让幼儿意识到这是一种交流反馈。

【情景再现】

我很爱模仿成人做家务,只要有扫把、簸箕,我就会用来扫地。我对垃圾分类很感兴趣,模仿大人扔垃圾;还会模仿大人打开洗衣机,按洗衣机的按钮。

图2-11　模仿成人做家务

妈妈和外婆带我去超市,超市里有个游乐场,我模仿大人推着小推车去买东西,还模仿着做饭。

图2-12　模仿成人购物、做饭

　　我很喜欢和爸爸玩,这和妈妈玩是不一样的。我趴在爸爸身上骑大马,这时候爸爸的背就是我的玩具。爸爸还扶着我腋下,把我当做钟摆轻轻地荡来荡去,跟爸爸玩真刺激、有挑战。孩子的成长中,父爱不能缺席哦。

2. 操作指导

　　引导幼儿体验前庭刺激,发展平衡能力,感受游戏的快乐,增进亲子感情。

图2-13　骑大马

　　家长扶住幼儿腋下,一边念儿歌一边做动作:小闹钟,摆起来(家长双手扶幼儿腋下,左右轻轻摆动幼儿),嘀嗒嘀嗒转一圈(举高幼儿两次并自转一圈);小闹钟,摆起来(动作同第一句),嘀嗒嘀嗒一点啦(根据钟点数举高幼儿若干次)! 小闹钟,摆起来(动作同第一句),嘀嗒嘀嗒时间到(举高幼儿,自转一圈后让幼儿顺势落地)。

　　这个游戏能让幼儿体验高度落差,家长应该根据幼儿的适应程度和自身力量,调节举高或晃动的幅度。这个游戏建议由爸爸带孩子一起玩,给予孩子力量感,增强父子间的感情。

第二节　19～24个月幼儿的家庭照护

　　这个阶段的幼儿变得越来越独立,一会儿会坚持"自己做",但一会儿又会向成人求助。幼儿喜欢模仿,喜欢开门关门、摆弄旋钮、按电灯开关等,不断探究周围环境。

一、家庭监护回应式照护

(一) 卫生保健

1. 健康照护

　　19～24个月的幼儿有的开始长第二乳磨牙,大部分幼儿会有16颗乳牙;视力水平为0.5;会主动表示大小便,白天基本不尿湿裤子;每天睡12～13小时;体格发育状况见表2-3。

表2－3 19～24个月幼儿体格发育参考指标①

月 龄	体重平均值(千克)		身高平均值(厘米)		头围平均值(厘米)	
	男	女	男	女	男	女
21个月～	12.39	11.77	87.3	86.0	48.3	47.2
24个月～	13.19	12.60	91.2	89.9	48.7	47.6

（1）健康检查

幼儿2岁时会接受体检,主要项目包括称体重、量身高、量头围,检查心肺与心率、大便和血红蛋白等。

检查口腔:2岁幼儿一般已长出16颗牙齿,医生会查看幼儿的出牙状况,了解幼儿是否患有龋齿,并指导家长帮助幼儿做好口腔清洁工作。

评价智能发育:2岁的幼儿能独立行走,会跑,能抬脚踢球等;手部精细动作会拧、会穿珠、会搭建,能用笔画出线条,能把东西装进瓶子里;幼儿能与他人简单交流。医生会特别检查幼儿肢体动作的协调性和对词汇的掌握程度。

血常规检查:血常规仍然很重要,重点关注幼儿是否有贫血的状况。

这个年龄的幼儿,能自己吃东西、喝水,但还没有养成良好的卫生习惯,很容易感染蛔虫,应检查一下大便中是否有虫卵。家长应帮助幼儿养成良好的用眼习惯,避免斜视、弱视的发生。

（2）预防接种

幼儿2岁时要接种乙脑疫苗第二针和甲肝疫苗第二针。

（3）疾病预防

2岁左右的幼儿有时候站立时可见两下肢呈"O"形,如果X光检查中未发现佝偻病活动期的骨骼改变特征,到3～4岁的时候,"O"形腿即可消失。早期幼儿步态不稳,全身的重心会下移,为了维持身体的平衡而出现暂时的"O"形腿。随着幼儿走路稳当以后,走路时全身的重心又会向上移,"O"形腿也随之消失。对于这种情况父母不必过分担心。

如果幼儿学会走路的时间有延迟,且走路时左右摇晃,步态如小鸭子,应检查幼儿是否患有先天性髋关节脱位。有的幼儿走路时脚尖着地,跨步或站立时两下肢呈剪刀样,称"剪刀样步态",应检查幼儿是否患有脑性瘫痪。若幼儿走路时过度昂首挺胸,步态摇晃,像将军走路一样,但下蹲时两腿不能并拢,应检查幼儿是否有臀肌挛缩综合征。

2岁左右幼儿的乳牙尚未出齐,但也可出现牙列不齐的现象。幼儿牙列不齐通常是由吮指、咬唇、咬物等不良习惯所造成的。孩子萌出牙齿后,家长就应该开始注意孩子的口腔卫

① 本书编写组. 0～3岁婴幼儿托育机构实用指南[M]. 南京:江苏凤凰教育出版社,2019:266.

生,2岁以前成人应帮助孩子刷牙或用干净棉签擦拭牙齿,喝牛奶或水时最好不要放糖,少喝饮料,还要定期进行口腔检查。

2. 安全照护

幼儿年龄越小,自我保护能力越差。对幼儿来说,不安全的环境因素有:地面光滑;家具边角尖锐;电源插座位置太低;窗户没有插销和栏杆;打火机、火柴、热水瓶、剪刀、消毒剂、药品等没有保管好;热水瓶、饮水机放置在幼儿能接触到的地方;玩具有尖锐的边缘,可以拆成细小的可吞咽的部件;果冻,整颗的葡萄、花生,其他易噎住的食物等。

【情景再现】

我快2岁了,有自己的主见,喜欢到处乱跑。在公共场所的卫生间,妈妈会让我坐在特制的椅子上。在家中,我会把水桶套在自己头上,会自己爬楼梯,这些都是危险因素。总而言之,2岁宝宝很调皮,家长要时刻注意,以免发生意外。

图2-14 公共卫生间不乱跑　　图2-15 在家中也有危险

3. 操作指导

24个月的幼儿可以:

- 向后退着走;

- 能扶着栏杆上下楼梯;

- 在成人的帮助下,能在宽的平衡木上走;

- 在成人的帮助下,能自己用勺子吃饭;

- 能踢球、扔球;

- 喜爱童谣、歌曲、短故事和手指游戏;

- 能模仿成人试图拉开和闭合普通的拉链;

- 会模仿做家务(如给干活的成人拿个小凳子,成人做面食时跟着捏等);
- 能手口一致说出身体各主要部位的名称;
- 能主动表示想大小便;
- 知道并运用自己的名字,如"宝宝要";
- 能自己洗手;
- 会说 3 个字的短句;
- 喜欢看书,学着成人的样子翻书;
- 模仿折纸,能试图垒 4～6 块积木;
- 能认识 2 种颜色,能认识简单的形状如圆形、方形、三角形等;
- 喜欢玩沙、玩水;
- 能认出照片上的自己;
- 表现出多种情感(同情、爱、不喜欢等)。

如果以上内容 24 个月的幼儿都能做到,那说明孩子发展得很不错!

如果孩子有 4～5 项未能达到,那就要多做相关练习;如果有一半都没有达到,那就要加把劲;如果又经过 1～2 月的努力还未能达到标准,就要求助于医生了。

发展警示:如果 2 岁幼儿不会独自走路,不试着讲话或者重复词语,对一些常用词不理解,对简单的问题不能用"是"或"不是"回答,就需要及时就医。

(二) 生活照料

1. 营养

(1) 科学喂养

19～24 个月的幼儿每天可安排蛋类、鱼虾类、瘦畜禽肉类等 75～125 克,米和面粉等谷类食物 50～100 克,用 5～15 克植物油烹制上述食物。选用新鲜的蔬菜水果各 100 克,注意不能以水果代替蔬菜。

在三餐的基础上,可在下午加一次点心,点心与晚餐的时间不要太近,以免影响食欲。点心的量要少而精,避免高热高糖的食物。不能随意给幼儿吃零食,易造成营养失衡。

此阶段的幼儿每天应保证摄入 400～600 毫升的奶量。

肉、动物肝脏、鱼、血豆腐、大豆、小米等食物含铁丰富,柑橘、红枣、西红柿等食物可提高肠道对铁的吸收率,以防幼儿贫血。

巧克力、糖果、含糖饮料、冰激凌等食物,摄入过多会导致食欲下降,影响生长发育,建议这个年龄的幼儿不吃,少吃。

（2）家长照护要点

平时可给幼儿喂食颗粒较粗大的食物,有助于牙齿生长,促进咀嚼功能的发展,切忌强迫幼儿进食他不喜欢的食物。

此年龄段的幼儿喜欢拿着勺子在碗里、盘子里戳来戳去,热衷于模仿成人吃饭的样子,此时是训练幼儿自己吃饭的好时机。

让幼儿定时、定座位,同家人一起进餐。不能养成边吃边玩的习惯。鼓励幼儿自己用勺吃,不挑食、不偏食。提醒幼儿饭前洗手,吃甜食后漱口或喝白开水。成人不要边吃饭边批评幼儿。

2. 生活卫生

帮助幼儿建立合理的生活作息,逐步养成按时睡眠、进餐、盥洗的好习惯,生活有规律。

幼儿要有充足的睡眠时间(一昼夜睡 12～13 小时),幼儿知道睡前要脱衣裤、脱袜子。家长可以引导幼儿学着自己脱袜子、解扣子。

家长应不失时机地培养幼儿的各种生活能力,如学着使用肥皂、毛巾;自己脱裤子、自己大小便;用餐时吃一口、嚼一口、咽一口,口渴时喝水等。

【情景再现】

我是个能干的小宝宝,我会自己吃饭、自己剥蛋壳、自己脱鞋、自己整理玩具,还模仿妈妈做事。脱鞋时,我用一只手先把一只鞋脱下来,再换另一只手,把另一只鞋脱下来,动作很迅速,也很熟练。脱鞋比较容易,穿鞋比较难,所以穿鞋还得请大人帮忙。但我相信,只要我多加练习,很快就能自己穿鞋了。

图2-16　剥蛋壳

3. 操作指导

引导幼儿认识蛋壳、蛋白、蛋黄,学着剥鸡蛋,提高生活自理能力。

家长指导幼儿自己洗手,教幼儿认识鸡蛋:鸡蛋有蛋壳、蛋白和蛋黄。家长给幼儿示范如何剥去鸡蛋壳,再把剥好的鸡蛋的蛋白和蛋黄分开,告诉幼儿白色的是蛋白,里面黄色的、圆圆的是蛋黄。

家长指导幼儿剥蛋壳,再让幼儿尝一尝鸡蛋。吃鸡蛋时注意不要让幼儿噎着。

二、家庭早期学习机会适宜性照护

（一）大肢体动作发展

1. 大肢体动作发展重点

19～24 个月的幼儿会自如地向前、向后走;能连续跑 3～4 米,但不稳;能自己上下床(矮床);自己扶栏杆能走几步楼梯;开始做原地跳跃动作,如双脚同时离开地面跳起;能踢大球,能蹲着玩,能够双手举过头顶扔球。

此阶段应重点锻炼幼儿的腿部肌肉力量,增强腿部的爆发力,提高身体的平衡能力。

结合《0岁～6岁儿童发育行为评估量表》中19～24月龄幼儿大肢体动作测评项目,可以指导家长与19～24个月的幼儿开展亲子互动。

扔球无方向(19月龄):家长示范举手过肩扔球,鼓励幼儿模仿,扔球可无方向。

脚尖走(20月龄):家长示范用脚尖行走,鼓励幼儿模仿着用脚尖连续行走三步以上,脚跟不得着地。

扶楼梯上楼(21月龄):家长在楼梯上放一玩具,鼓励幼儿上楼去取,幼儿能扶着楼梯扶手熟练地上三级以上台阶。

单手掷物(22月龄):家长在离幼儿0.5米处放一只塑料桶,让幼儿单手拿着球(或绒毛玩具)向塑料桶里投掷。以后可逐渐把塑料桶移至1米处。

双手抛掷物体(23月龄):家长与幼儿相向而站,间隔1米。准备海绵枕头、软球、绒毛玩具等,鼓励幼儿双手举过头掷物给家长。

双足跳离地面(24月龄):家长示范双足同时离地跳起,鼓励幼儿模仿着双足同时跳离地面,双足同时落地。

幼儿喜欢爬高,扔东西,走马路牙子、盲道,钻到桌子底下、床底下等。在保证安全的情况下,家长要充分给予幼儿探索的机会和自由。

【情景再现】

妈妈经常带我去早教中心或游乐场,那里到处都是软软的,比较安全。尽管阶梯坡度有

图2-17　爬高我不怕　　　　图2-18　爬楼梯不怕累

点高、有点陡,但我还是爬上爬下的,不断挑战自我。

在家里,我喜欢钻椅子、爬架子。在爬、钻、旋转、攀登的过程中,我逐渐发展了空间感,还锻炼了肢体协调能力。

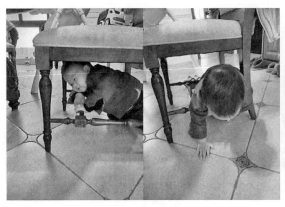
图2-19　钻椅子

图2-20　爬架子

2. 操作指导

引导幼儿锻炼身体的协调性,提高平衡能力。

家长边念儿歌边做动作,鼓励幼儿跟着做动作。

"太阳公公起得早":两脚分开,两臂上举左右摇晃四下。

"它怕宝宝睡懒觉":两脚分开,两臂弯曲,双手合一放在左侧耳旁,双眼闭拢。

"爬上窗口瞧一瞧":两脚踮起,两臂弯曲,手指相对放在下巴处。

"咦!宝宝不见了":双脚并拢,两臂弯曲,手心向外左右摇晃两下。

"原来宝宝在外面":一只手臂叉腰,另一只手臂指向外面。

"一二一二做早操":原地踏步六下。

家长可每天带着幼儿做操。

(二) 精细动作发展

1. 精细动作发展重点

19~24个月的幼儿能跟着音乐节奏做动作;会穿珠子,会用4~6块积木垒高;能够自己用勺吃东西。

此阶段应重点促进幼儿手指的灵活性,提高手指动作的控制能力,发展幼儿模仿画图的能力。

结合《0岁~6岁儿童发育行为评估量表》中19~24月龄幼儿精细动作测评项目,可以指导家长与19～24个月的幼儿开展亲子互动。

模仿画线(19月龄)：家长示范用蜡笔画出一根线,鼓励幼儿模仿画线,方向不限。

学习拼图(20月龄)：家长准备一幅简单的拼图(2～4片),先让幼儿看清整体图案,然后将拼图拆散并随意摆放,鼓励幼儿将图案重新拼起来。

线穿过扣眼(21月龄)：家长示范用线穿过扣眼,鼓励幼儿模仿。扣眼直径要在0.5厘米以上。

自由摆放积木(22月龄)：幼儿自由摆放积木,家长不必干涉,让幼儿自由发挥搭建出各种"作品",并给予鼓励。

模仿拉拉链(23月龄)：家长示范拉拉链,鼓励幼儿模仿。

积木垒高5～6块(24月龄)：家长示范垒高积木,推倒后一块一块出示积木,鼓励幼儿用5～6块积木垒高。

家长在给孩子购买玩具时要考虑孩子的年龄特点,可给这个年龄的幼儿提供套环、套筒、串珠、厨房玩具、套盒、画笔、小喷壶等。这些玩具能够提高幼儿的手眼协调能力。

【情景再现】

在家里,我有个自己的操作台,就是我家的飘窗阳台,那里阳光明媚,操作台上都是我喜欢的玩具,这个区域里的玩具还经常随我的兴趣更换。

我喜欢贴纸,妈妈给我买了许多贴纸书,我用食指和拇指把贴纸撕下来,再贴到指定的位置上,我很专注。我还会"钓鱼",这是训练我手眼协调能力的好机会,每当将"鱼"钓起来时,我非常有成就感。

图2-21　"钓鱼"真开心　　　　图2-22　玩泥巴

快2岁时,我还体验了一把玩泥巴。我用紫砂泥做了个小狗模型,真是一次快乐的泥巴体验。

2. 操作指导

引导幼儿尝试穿珠子,发展手眼协调能力。

家长与孩子面对面坐,家长先示范穿"项链"的方法,如:"宝宝,看看妈妈(或其他成人)是怎么穿项链的。"家长一边操作一边以语言提示:"一只手拿线,另一只手拿一个木珠,看准珠子上的小洞,把线穿进去。"

家长要关注孩子的游戏水平,适时给予指导与帮助。家长应注意活动中的安全,提醒幼儿不能把木珠塞到嘴里,也不能提供太小的珠子。

(三)认知发展

1. 认知发展重点

19～24个月的幼儿喜欢探索周围的世界;知道家庭成员以及经常一起玩的伙伴的名字;能集中注意力看图片、看电视、玩玩具、听故事等,但注意力集中时间较短;能记住一些简单的事;开始理解事件发生的前后顺序;对声音的反应越来越强烈,喜欢重复的声音;能区分方形、三角形和圆形;认识红色。

此阶段应重点促进幼儿对色彩的分辨能力,增强对事物的认知能力,促进听觉的灵敏性和辨别能力。

结合《0岁～6岁儿童发育行为评估量表》中19～24月龄幼儿认知发展测评项目,可以指导家长与19～24个月的幼儿开展亲子互动。

懂得三个投向(19月龄):家长请幼儿把三块积木分别递给妈妈、递给爸爸、放在桌子上,妈妈、爸爸都不伸手,幼儿能按要求将积木送到相应的地方。

知道红色(20月龄):家长出示红、黄、蓝、绿四色图片,问幼儿"哪个是红色?",幼儿能准确指出红色。

辨别方位等(21月龄):引导幼儿认识上下、里外、前后等方位。还可以引导幼儿了解大小、多少、高矮、远近等相对概念。

发展感知觉(22月龄):家长提供不同形状和材质的积木,让幼儿体会硬、软、光滑、粗糙等感觉,这有助于感知觉的发展。

一页页翻书(23月龄):家长示范一页页翻书,鼓励幼儿照着样子翻书页。

拼图(24月龄):提供一些4～8片的拼图,鼓励幼儿完成拼图。

【情景再现】

我爱穿大人的鞋子,穿着妈妈的高跟鞋,走路嗒嗒地响;穿爸爸的大皮鞋,皮鞋太大了,而且有点重,我的小脚很难挪动。大人的鞋子都成了我的玩具。

图2-23　穿妈妈的高跟鞋　　　图2-24　穿爸爸的大皮鞋　　　图2-25　柚子丰收了

夏去秋来,许多落叶铺满地面,奶奶带我去院子里踩树叶。树叶飘落,被风吹着一会儿聚集在一起,一会儿随风飞舞,真有趣。

地上落满了树叶,还有柚子掉下来。一共有5个黄黄的、圆圆的大柚子掉在地上。我捡起来当球玩,举着"柚子球"走来走去。这真是收获的季节呀!我捡柚子、搬柚子、数柚子、给柚子排队,忙得不亦乐乎,大脑和肢体都得到了锻炼。

2. 操作指导

激发幼儿探索新鲜事物的兴趣,促进幼儿感知觉特别是触摸觉的发展。

家长拿着装满各类物品的口袋,邀请幼儿来摸一摸,猜一猜:"神奇的口袋东西多,请你过来摸一摸。摸完告诉我,你摸到的是什么,不许偷看哦。"引导幼儿摸完物品后,大胆猜猜摸到了什么。

幼儿能够多次正确说出物品后,家长可帮幼儿对这些物品归类,如香蕉、苹果、梨是水果类;手帕、袜子为用品类;毛绒小兔、小车属玩具类等。

家长应注意,让幼儿触辨的物品应是幼儿熟悉的,且外形区别较大,便于幼儿辨识。

为提高幼儿兴趣,家长可与幼儿互换角色,让家长来摸并回答,最后让幼儿鉴定对错与否。

(四) 语言发展

1. 语言发展重点

19～24个月的幼儿开始用名字称呼自己,开始会用"我";会说出常用物品的名称和用途;词汇增加,能说有 3～5 个字的简单短句以表达一定的意思和个人需要;喜欢跟着大人学说话、念儿歌,喜欢重复的句子;会回答简单的问题;喜欢看图书,能指认、说出熟悉的事物。

此阶段应逐步提高幼儿说话的能力。

结合《0 岁～6 岁儿童发育行为评估量表》中 19～24 月龄幼儿语言发展测评项目,可以指导家长与 19～24 个月的幼儿开展亲子互动。

说 10 个字词(19 月龄):家长有意识地讲话时使用丰富的词汇量,引导幼儿模仿。

回答简单问题(20 月龄):家长问"这是什么""那是谁""爸爸干什么去了"等,幼儿均能正确回答。

说 3～5 个字的句子(21 月龄):家长引导幼儿有意识地说出有 3～5 个字的句子,有主谓语。

模仿象声词(22 月龄):家长说一些象声词,如"咕噜咕噜""哗啦哗啦"等,鼓励幼儿清晰地模仿。

说出两句以上诗歌(23 月龄):家长鼓励幼儿说唐诗或儿歌,幼儿能自发或稍经提示后说出两句以上。

说出常见物品的用途(24 月龄):家长问幼儿碗、笔、椅子、球的用途,幼儿能说出至少三种物品的用途。

1 岁半到 2 岁半是个体语言发展的敏感期。幼儿从模仿大人发音,到有意识地喊"爸爸""妈妈""爷爷""奶奶";在家人喊自己的名字时能做出反应;能听懂爸爸妈妈逗引的语言,并做出相应的动作及表情;能理解日常用语,并用动作予以回应,如挥手表示"再见"。19～24 个月的幼儿的语言能力有了实质性的进展,掌握的词汇也丰富了,从名词、动词扩展到形容词、副词,并开始会说词语和一些简单的句子。

【情景再现】

2 岁不到,我说出了第一个词——"大吊车"。消防车的发音太难了,我知道消防车有"呜哇呜哇"的警报声,所以我叫消防车"哇哇车"。爬得太高下不来时,我会向妈妈求救"妈妈抱抱"。

2. 操作指导

引导幼儿知道大和小,会说"大""小"。

家长利用生活中常见的物品,如大碗和小碗,妈妈的衣服和幼儿的衣服,爸爸的鞋和幼儿的鞋等,引导幼儿学习"大"和"小",感知"大"和"小"是相对的。

（五）情感与社会性发展

1. 情感与社会性发展重点

19～24个月的幼儿在照护者离开时会感到沮丧；自我意识逐步增强，喜欢自己独立完成某一任务，出现独立行动的倾向；不愿把东西给别人，会说"是我的"；情绪变化更为平缓，能延续某种情绪状态较长时间；社交能力增强，开始与其他孩子共同参与游戏活动；会帮忙做事，如学着把玩具收拾好；游戏时会模仿父母，如假装给娃娃喂饭、穿衣。

此阶段可引导幼儿熟悉身边物品的功能，用来解决生活中的简单问题，初步培养幼儿的独立意识和自我意识。

结合《0岁～6岁儿童发育行为评估量表》中19～24月龄幼儿情感与社会性发展测评项目，可以指导家长与19～24个月的幼儿开展亲子互动。

表示个人需要（19月龄）：观察幼儿是否会明确表示自己的需要，至少能说出三种需求，如"吃饭""喝水""玩汽车""上街"等，可伴手势。

会打招呼（20月龄）：幼儿会自发或模仿说"你好""再见"等。

想象性游戏（21月龄）：家长观察幼儿是否有想象性游戏，如假装给娃娃或动物玩具喂饭、盖被子、打针等。

自发提问（22月龄）：家长观察幼儿在见到某物时，是否会自发提出问题，主动问"这是什么"。

区分性别（23月龄）：在日常生活中引导幼儿通过观察区分男性和女性。

有较明显的社交情绪表现（24月龄）：能识别家人的表情、态度，受到夸奖时会表现出高兴的样子。能看懂成人的面部表情，对说"不"有反应，受到责骂或不高兴时会哭。喜爱家人，会向熟悉的成人伸出手臂要求抱；面对陌生人表现出怕羞、转过身、垂头、大哭、尖叫、拒绝玩具等行为。喜欢玩躲猫猫一类的交互游戏，而且会笑得非常激动、投入。会注视他人，伸手去触摸另一名幼儿。喜欢照镜子，会挥手表示再见，招手表示欢迎，玩拍手游戏。当从幼儿处拿走物品时，会遭到强烈的反抗。

19～24个月的幼儿能区分我的、你的，渐渐地具有自我意识，对自己的玩具、食物等拥有强烈的占有欲，还喜欢通过说"不"展现自我意志，如果发生不符合他想法的事情就会大哭大闹，这时的表现完全是以自我为中心。在不违反规则和保证安全的情况下，家长不必和孩子较劲，这是孩子成长的一个过程。

【情景再现】

我快2岁了，我喜欢照镜子，知道镜子里的人是我自己，我对着镜子笑笑，镜子里的"我"

也对我笑笑;我喜欢模仿大人的样子,想和大人一样独立、能干。

今天,我模仿建筑工人,拉着小拖车在"工地"上行走,戴上安全帽,把地上的玩具放进小拖车里;再拉着小拖车走……我一个人玩了半个多小时。

我看见哥哥姐姐在玩石子,很想加入其中。我有时看看哥哥姐姐怎么玩的,学着把石头排成一排;有时就自己玩自己的。

爸爸把我放在他的脖子上让我骑大马,我已经不太愿意了。但我喜欢和爸爸玩"火箭发射"。现在,爸爸有时候得"听"我的指挥。

图2-26　模仿建筑工人

图2-27　主动加入其他孩子的游戏　　图2-28　和爸爸玩"火箭发射"

2. 操作指导

引导幼儿从小养成收拾玩具的好习惯,这还能锻炼幼儿蹲下拾玩具,起立放好玩具的动作。

家长一边念儿歌"小玩具,要回家,我来动手送送它,从哪拿的放回哪,大家夸我好娃娃",一边示范给幼儿看如何把玩具收拾好放回原处。

玩具是幼儿的好朋友,但幼儿常会四处扔玩具。如果家长过于积极地帮助幼儿收拾玩具,又不教孩子如何收拾玩具,孩子就会养成不收拾玩具的坏习惯。因此,及早引导幼儿养成收拾玩具的习惯极为重要。

第三节 13～24 个月幼儿的社会照护

一、早教中心针对性照护服务

早教中心针对性照护服务是早教中心依据《0 岁～6 岁儿童发育行为评估量表》,由专业人员对每个幼儿进行测评,依据测评结果为家长提供养育方面的个性化、差异化指导。

(一) 发展敏感期

发展敏感期由意大利教育家蒙台梭利(Montessori)首先提出。她通过对儿童行为的观察发现:儿童在特定的时期在某些方面有一种特殊的感受能力,这种感受能力促使他在这些方面的发展特别迅速。她在《童年的秘密》中有精辟的论述:儿童在其敏感期就能学会自我调节和掌握某种东西,这就像一束光能把他的内心照亮,像电池一样提供能量。正是这种敏感性,使儿童以一种独特的、强烈的方式来对待外界事物。在这一时期,他们对一切都充满了活力和激情,能轻松地学会每件事情。他们的每一次努力都能使自己的能力大大增强。

儿童的发展敏感期主要包括:亲子依恋的敏感期(0～2 岁),动作敏感期(0～6 岁),语言敏感期(0～6 岁),感官敏感期(0～6 岁),秩序敏感期(0～4 岁),社会规范敏感期(2.5～6 岁),数学敏感期(1～6 岁),书写敏感期(3.5～6 岁),阅读敏感期(4.5～6 岁)等。每个孩子的发育状况不同,发展敏感期会有所差异。成人应尊重自然赋予孩子的发展规律和发展特点,并提供必要的帮助,以免孩子错过发展敏感期。如果观察到孩子自发地、不停地、反复地尝试某些事情时,那可能正是孩子在经历他的敏感期,家长应该给予相应的支持。

(二) 适合的活动方案

1. 大肢体动作活动方案

连续上下台阶:幼儿在上下楼梯时,左右脚要交替连贯使用,即左脚上第一个台阶,右脚上第二个台阶。这样连续上 3～5 个台阶后休息片刻,再重复上述动作,每天练习 1～2 次,每次 2～3 层楼梯。

攀登:在有条件的情况下,带幼儿去公园、游乐场等处练习攀登绳梯、斜坡等,一方面训练幼儿的腿部力量,另一方面锻炼幼儿勇敢面对挑战。

单脚负重站立:在幼儿进行单脚练习时,鼓励幼儿手里拿一个物品,如枕头、一瓶矿泉水等,锻炼幼儿的肢体平衡能力。在练习单脚站立时,可以试着让幼儿把双臂摆成平直状态。

幼儿身体动作的发展遵循从上到下、由近及远、从大到小的规律。

2. 精细动作活动方案

对孔装物：取笔式小手电筒一只，家长打开后盖并往里面放电池，盖好盖子后，按开关使灯亮起来，然后取下后盖倒出电池。引导幼儿模仿着给手电筒装电池。不要让幼儿直视灯光。

练习旋转动作：提供需旋转拧开的酸奶瓶，请幼儿试着自己拧开酸奶瓶的盖子。

自由涂鸦：幼儿拿着笔，家长握住幼儿的手，在纸上任意画出各种图形，如圆圈、直线、弧线等，然后放开手，由幼儿自由涂鸦。可每天练习1～2次。

3. 语言活动方案

看图、听读：家长一边让幼儿看图片，一边说给幼儿听，视听结合向幼儿传输语言信息，激发幼儿学习说话。

听读、认图：在看图、听读的基础上，随机向幼儿提问，如"哪个是小狗？""熊猫在哪里？""狮子在哪里？指给妈妈看"等，增强幼儿的理解能力和语言表达能力。

在看图的过程中，家长尽可能把图中的事物特征详细地说给幼儿听。家长可以伴随夸张、丰富的表情和动作，以增强幼儿的记忆。

4. 认知活动方案

大小比较：在生活中，家长要利用各种生活场景给幼儿讲解，如"宝宝，你看大象的鼻子真大呀，摸摸你的小鼻子""宝宝，你看公共汽车这么大，自行车这么小"等，让幼儿对"大"与"小"有一个形象的感知。

有序翻书页：家长与幼儿坐在一起看书，每看完一页，让幼儿自己动手翻书页。也可以向幼儿提问"宝宝，小马在哪一页？找出来让妈妈看看"，促使幼儿完成翻书页的动作。

识别黑色：刚开始，幼儿识别不了很多颜色，家长应先从身边熟悉的物品开始，让幼儿学色彩名称。如"宝宝，把妈妈的黑皮鞋拿来，黑皮鞋，黑色"，再找几样黑色的物品放在一起并解释"看，黑头发，黑皮包"。通过听和实物对比，增进幼儿对"黑色"的感知和认识。

5. 社会性活动方案

练习穿袜子：让幼儿坐在床上，家长把袜子从袜口往下卷好，让幼儿两手捏住袜子并套在脚尖处，手向后拉，待袜子穿到脚跟后，再捏住袜口从脚后跟处向上提拉，直至穿好袜子。

倒水不洒：家长在一个大盆（或桶）里装上水，给幼儿两只塑料杯子，让他用一个杯子舀水倒进另一个杯子里，练习来回倒水，尽量不洒出水来。

用勺喝水：家长教幼儿用勺子喝水，先做示范再引导幼儿模仿。

在这个阶段，幼儿初步学习自己的事情自己做，提高自理能力可以让幼儿更好地建立独立意识和自信心。

【情景再现】

甜甜20个月啦,能用绳子串珠,能把一张粘纸贴在物体上,虽然不理解垒高的意思,但能模仿着垒七八块积木。甜甜能捡起地上很小的东西,并能用拇指和食指准确地对捏起来,这说明甜甜的手眼协调能力发展得不错。甜甜已经会扭动门把手,自己开门走出房间。甜甜学习词汇的速度也比较快,平均每天能学会一个新词汇。尽管甜甜所说的句子还很简单,省去了很多词,但大多数句子是很容易让人听懂并理解的。在交往方面,甜甜还没有学会和其他孩子共同分享食物和玩具。

姓名		甜甜	
性别	女	生日	2019 - 4 - 7
年龄	20个月	测试原因	—
测试日期	2020 - 12 - 11	儿童类别	城市儿童
检测部分	序号	项目	检测结果
大动作	1	脚尖走	可以
	2	扶楼梯上楼	可以
精细动作	3	水晶线穿扣眼	可以
	4	模仿拉拉链	可以
认知	5	积木垒高7～8块	不能理解垒高
	6	知道红色	可以
语言	7	回答简单问题	不愿意开口
	8	说3～5个字的句子	不愿意开口
社会行为	9	能表示个人需要	不愿意开口
	10	想象性游戏	参与度低

图2-29 测评项目

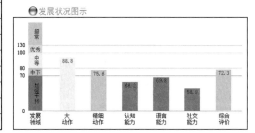

图2-30 测评结果

早教中心的专业人员依据《0岁～6岁儿童发育行为评估量表》对甜甜的大动作、精细动作、认知能力、语言能力和社交能力进行了测评。

测评结果显示甜甜能脚尖走、扶楼梯上楼、用水晶线穿扣眼、模仿拉拉链,说明她大动作和精细动作发展良好。

甜甜不能理解积木垒高,不愿意开口回答简单问题,不愿意开口说3～5个字的句子,不愿意开口表示个人需要,想象游戏参与度低,说明甜甜的社交能力、语言能力和认知能力偏弱。

综合评价:甜甜的动作发展较好,具有较强的模仿能力。甜甜的社交能力、语言能力和认知能力偏弱,还需要家长在这些方面多加引导。

根据甜甜的测评报告,早教中心的专业人员建议甜甜的家长要多关注甜甜的社会性发展、认知发展和语言发展。

1. 社会性发展训练

学会动作表达：家长示范用语言和动作表达某种要求，如"招手"表示要甜甜到身边来，问"宝宝，你吃饱了吗"，用点点头或拍拍肚子的动作表示吃饱了等。

学会礼貌用语：当甜甜说出"妈妈来"一词时，家长要仔细观察甜甜的眼神、表情等，引导甜甜说"妈妈，请你来"。还要教甜甜学说"谢谢""对不起"等。

激发想象游戏：引导甜甜照顾娃娃，给娃娃喂饭、换尿布等，提高甜甜想象游戏的水平。

家长多带甜甜与外界接触，促使她大胆开口说话。当甜甜在陌生人面前大胆表达时，家长要给予表扬，让她获得成就感。

2. 语言训练

在使用中学习：在日常生活中，家长应随时利用各种机会，向甜甜讲解某件物品的功用、外形特点等，以增强甜甜的语言理解能力。

丰富语感：在给甜甜讲故事时，家长要把握好语音语调，有声有色地进行描述，激发甜甜模仿大人说话的兴趣。

复述故事内容：给甜甜讲完故事后，鼓励她复述故事，如"小猴子怎么吃到桃子的""小猴住在哪里"等，甜甜只要能根据记忆说出故事大概即可。

翻看图片：家长和甜甜一起翻看图片，鼓励甜甜跟着学说图片上物品的名称。

经常聊天：家长选择甜甜感兴趣的话题和她聊天，鼓励她开口说话。

3. 认知训练

辨认颜色：在一只小盒子里摆放两种颜色的乒乓球（橙色和白色），家长先示范把橙色和白色的乒乓球分别拣出，放在两只盘子中，鼓励甜甜照着做，分辨不同的颜色。

练习拼积木：家长先用积木拼出某个组合图形，引起甜甜的兴趣，然后引导她用积木摆放出组合图形。

建立秩序感：幼儿玩好积木后，引导甜甜把积木收进盒子里，放回原处。家长还可以与她比赛，看谁摆放得快。

（三）操作指导

在日常工作中，早教中心会安排幼儿和家长在专业教师的带领下开展亲子活动，目的在于引导家长在家中与幼儿开展符合幼儿年龄特点的亲子互动游戏，以促进幼儿的全面发展。以下列举几个早教中心的亲子活动。

1. **社交活动：我和娃娃挥挥手**

活动目标：幼儿乐于与他人打招呼，知道见到老师、小朋友和其他家长要打招呼，乐于参加游戏。

活动过程：家长面向教师围坐成半圆，幼儿坐在家长身前。音乐响起，教师说："小朋友们，我是你们的新朋友——××老师。小朋友们好！看，老师给你们带来了一个娃娃，听一听，娃娃说了些什么呢？"

教师扶着娃娃对幼儿挥挥手，模仿娃娃的声音说："小朋友们好，我叫明明，今年1岁了。你们叫什么名字？你们几岁了？"家长扶着幼儿的手向娃娃挥挥手，幼儿跟着家长学着介绍自己的名字，用手指动作表示自己1岁或2岁了。

温馨提示：幼儿来早教中心时，教师热情地问候家长与幼儿，家长鼓励幼儿向教师问好。家长、教师要及时表扬幼儿问好的行为。

2. **肢体活动：亲子操**

活动目标：发展幼儿的肢体协调性，幼儿感受模仿成人动作的快乐。

活动过程：家长与孩子面对面站立。教师示范，讲解操节的动作，家长与幼儿一起做操。

上肢运动：拉拉手，拉拉手，举起手，转圈走。

弯腰运动：弯弯腰，弯弯腰，身体直起来，抱一抱。

踢脚运动：小朋友，本领大，抬脚丫，踢几下。一二一，一二一。

温馨提示：回到家中，家长仍应坚持与幼儿一起做操，锻炼幼儿的肢体协调性。

3. **精细活动：小蘑菇回家**

活动目标：幼儿学习用三个手指捏取物品，提高手的灵巧性。

活动过程：教师示范将橡皮泥团成比饮料瓶口略大的球，塞在瓶口，做成"蘑菇"。引导幼儿将橡皮泥从饮料瓶上抠下来。家长可为幼儿做示范，将拇指、食指、中指尽量张开去捏取橡皮泥。家长还可以协助幼儿一起团橡皮泥，塞在饮料瓶口，并取下来，反复游戏。

温馨提示：在生活中，家长可以随机引导孩子进行练习，如握笔、解扣子等。

4. **肢体活动：小汽车嘀嘀嘀**

活动目标：锻炼幼儿的腿部肌肉力量，提高身体的协调性和灵活性。

活动过程：选择平坦的场地，家长指导幼儿用双手扶着椅背，一边模仿汽车喇叭声"嘀嘀嘀"，一边推着"椅子汽车"向前走。待幼儿熟悉开"椅子汽车"后，可以适当增加难度，在活动场地上设置一个障碍物，如单人沙发、大凳子、纸箱等，让幼儿推着椅子绕过障碍物。

温馨提示：幼儿应能推着"椅子汽车"向前走1米以上。在转弯时，家长可以给予幼儿适当的帮助。

5. 社交活动：和娃娃再见

活动目标：幼儿知道离别时要说"再见"，初步了解文明礼仪。

活动过程：教师扶着娃娃，模仿娃娃的声音说："小朋友，你们今天玩得开心吗?"家长引导幼儿说："我很开心，谢谢娃娃，谢谢老师。"教师扶着娃娃和每个幼儿拥抱，并挥手说"再见，欢迎下次再来"。家长鼓励幼儿跟教师说"再见"。

温馨提示：回家后，与他人分别时引导幼儿说"再见"。

二、托育机构托小班照护服务

托育机构托小班依据《托育机构设置标准(试行)》和《托育机构管理规范(试行)》为12～24个月的幼儿提供专业成长方案，同时为家长提供专业的育儿知识和指导。

(一) 托育机构托小班服务内容

托小班的幼儿处于动作发展和语言发展的高峰期，幼儿可以独自走路，能上下楼梯，能理解日常生活用语和简单的成人要求。幼儿还在学着自己吃饭、自己大小便。幼儿逐渐产生自我意识，会用"我"来表示自己，喜欢显示自己的成功，并感到自豪。但幼儿仍然害怕陌生人和陌生环境，对熟悉的家人表现出较强的依恋。托育机构的保育工作应遵循幼儿的年龄特点，对幼儿进行营养、睡眠、生活卫生、动作、语言、认知、情感和社会性等方面的照护。

1. 教师工作

托育机构托小班的教师需要为12～24个月的幼儿安排适宜的一日生活作息。

表2-4　托小班一日生活时间安排

8：00～8：30	快乐来园，量体温，身体检查
8：30～9：00	桌面游戏，自主探索
9：00～9：30	户外晨练，音乐律动
9：30～10：00	如厕，吃点心
10：00～11：00	游戏时间，户外游戏
11：00～11：30	餐前教育，餐前准备，享用午餐
11：30～12：00	散步时间
12：00～15：00	午睡

续 表

15：00～16：00	如厕,喝水,备餐,享用点心
16：00～16：30	个别化活动,游戏
16：30～17：00	分享,整理书包,收拾玩具,户外活动,如厕,等待回家

(目前,很多托育机构应家长需求,服务可延长至17点。)

这个年龄段的幼儿可以自己挂外套、把玩具拿开、自己吃饭,虽然有时会把事情弄得乱七八糟。当幼儿不想好好睡觉时,教师可以问问他是否需要娃娃或可爱的玩具陪他一起睡觉。在活动转换之前给幼儿提示:"你们玩积木玩得很开心,但你们只能再玩一会儿,因为马上要去洗手了。"两分钟以后再提醒一次,让幼儿在活动结束前有个心理准备。无论何时,尽可能让幼儿自己结束活动,这样他们就会较顺利地去做下一件事情。教师和幼儿说话时,记得看他的眼睛。这是对他的反馈,让他感受到自身的重要。换尿布的桌子要放在一眼能看到整个房间的位置,保证教师在给幼儿换尿布时能看到房间内的其他幼儿,千万不要背对着那些正在玩耍的幼儿。

幼儿在这阶段,每日作息会变得较稳定,可以安排一些集体活动。

表 2 - 5 托小班保育活动安排

监护式照护	洗手的方式	大小便的方式	吃点心、进餐的方式	喝水、喝奶的方式	午睡的方式
托小班	自己洗手	换尿布或如厕	协助吃饭	用水杯	协助穿脱衣物

表 2 - 6 托小班教育活动安排

发展性照护	大肢体动作	精细动作	语 言	认 知	社会情感
托小班	走、跑,提高身体协调能力	搭建积木,练习插、拧、贴等动作	听故事,念儿歌	欣赏音乐,学涂鸦	和同伴一起玩,学着分享

2. 创设安全的环境

教师要为幼儿提供温暖和具有安全感的环境,幼儿可以自己取得想要的物品,能自由自在到处走动和探索。在安全的物理环境和心理环境中,幼儿能依照自己的发展速度主动学习。教室中可以设置大肢体动作活动区、用餐区、尿布区/厕所区、认知操作区、换鞋区、阅读区、睡眠区、集体合作和社交游戏区等,供幼儿在不同活动时使用。

将教室中安静的区域和吵闹的区域分隔开,引导幼儿穿插进行安静的活动和活跃的活动,那样他们才不会感到太累。教师需要经常有计划地更换玩具和活动,以免幼儿感到厌倦。

避免幼儿等待时无所事事,要让他们一直有事可做,直到午餐或点心摆在桌子上。外出前给每个幼儿穿衣时,可以让一旁等待的幼儿看书或玩玩具。出门时,请幼儿把手里的玩具依次放进箱子里。

在活动区域要准备足量的安全又易操作的玩具,存放在开放式的矮柜上,以便幼儿自己拿取。同样的玩具要准备两三个,避免幼儿争抢。经常更换活动场地内的器械,简单的带轮玩具、球、旋转木马、沙箱等,都是适合这个年龄幼儿的活动器械。

3. 建立家园管理系统

教师要告诉家长他们的孩子喜欢哪个活动,可每日发送一些幼儿的照片、视频以及课程内容。家长感兴趣的是托育机构能为他们的孩子做些什么,如果知道托育机构能为他们的孩子提供个性化活动方案,他们就会十分高兴。和家长密切配合,使得幼儿可以在托育机构中愉快地成长、学习。每月和家长开展一次电话回访,及时反馈幼儿在托育机构的情况并询问家长幼儿在家的情况,以了解家长需求。

【情景再现】

托小班保育老师和幼儿人数比不能高于1∶5,如果有15个幼儿,至少要配备3位保育老师。

早上来到教室,每个孩子都热情地跟老师打招呼,老师也热情地拥抱孩子,给孩子做晨检,指导孩子用洗手液洗手。老师引导孩子用表情、动作、语言等表达自己的情绪,及时肯定和鼓励孩子适宜的态度和行为。教师引导孩子理解简单的晨检规则。

图2-31　早上要问好

所有孩子来园后,老师会带着孩子们做韵律操。快到吃点心的时间了,老师组织孩子们换尿布(年龄大一些的孩子,引导他们学着自己坐便盆),洗手。

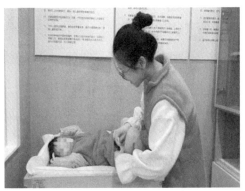

图2-32　大年龄孩子自己洗手　　　　图2-33　小年龄孩子换尿布

上午的点心是牛奶和面包。吃完点心就是自由游戏和户外运动:有钻圈、跳圈、投篮等各种活动,也有跷跷板、骑摇马等活动,孩子们天天都有爬、走、跑、钻、踢、跳的机会。

图2-34　跳圈　　　　　　图2-35　钻圈　　　　　　图2-36　投篮

图2-37　跷跷板　　　　　图2-38　开汽车　　　　　图2-39　骑摇马

又是换尿布、洗手后，要吃午饭啦。午饭有米饭、牛肉、鸡蛋炒莴笋和白菜。老师鼓励孩子自己进食，随时关注孩子的进餐需求并予以协助，培养孩子使用水杯喝水的习惯，不提供含糖饮料。

吃过午饭，孩子们换尿布、睡午觉。

帮助孩子逐渐建立规律的睡眠模式。确保孩子睡前进入较安静的状态，培养孩子独自入睡的习惯。

图2-40 大家一起吃午餐

在一日生活活动之外，老师还注意穿插各种学习活动。每天老师要给孩子们讲故事，一起唱歌、跳舞，念儿歌，做手工，玩拼图等。

图2-41 一起念儿歌　　　　　图2-42 做热狗

老师还和孩子们一起试着做小汤圆、做热狗。在这个过程中，孩子们学着辨别生活中常见物体的大小、形状、颜色、软硬、冷热等特征。

老师带着孩子们种花，孩子们每天都要观察植物的生长情况，培养热爱大自然的情感。

（二）操作指导

1. 换尿布的流程

在换尿布台上，铺上一张一次性的防水纸，把需要用到的东西都放在伸手可及的范围内，教师需要一直把一只手放在幼儿身上。如果需要用防尿布疹的护肤霜，可以事先抹一点在防水纸的角落处，以备等下使用。准备工作做好后，让幼儿平躺在换尿布台上，并且注意绝对不能让幼儿单独在那里,教师切记不能脱手。

把幼儿身上脏的纸尿裤和衣物脱掉,放到一边。用湿纸巾清洁幼儿的屁股,从前往后擦拭,一张湿纸巾只能用一次,必要时,用干净的湿巾再擦一次,直到小屁股完全干净为止。幼儿的皮肤皱褶处要清洁干净。把脏的湿纸巾放在刚刚脱下的纸尿裤里。不要给幼儿使用任何爽身粉,因为幼儿吸入这些粉尘会有危险。只有在家长的要求下,才能给幼儿使用相应的乳液或护肤用品。将用过的湿纸巾包进纸尿裤里,然后利用纸尿裤本身的粘胶贴起来,丢进有盖、有内桶的脚踏垃圾桶内。若是可重复使用的尿布,就放进塑料袋或容器中,密封起来,让家长带回。随后,教师用干净的湿纸巾把自己的手擦干净,擦完后丢进垃圾桶内。

给幼儿穿上干净的衣服。现在教师可以抱起幼儿了。用肥皂和清水给幼儿洗手,然后带幼儿回到集体中。将换尿布台上铺的防水纸丢进有盖、有内桶的垃圾桶内。如果换尿布台上有明显可见的污渍,用肥皂和清水冲洗干净,或者用稀释过的漂白水消毒清洁。教师的双手还需要用肥皂和流动的清水彻底清洗干净。教师要将换尿布的情形记录下来,幼儿的大小便如有不寻常的颜色、气味、频率,或有尿布疹等,要及时告知家长。

给幼儿换尿布时,教师别忘了和幼儿说话,好好利用这一段单独相处的时光。

2. 与家长的互动

请家长给孩子多准备一些干净的尿布与衣服,这样教师可以在给幼儿换尿布或带他们上厕所时,不用为了找东西而分心。

教师和家长要多沟通,这样双方能对幼儿的情况更加了解。

教师和家长对于随时可能发生的意外状况要有心理准备。学习坐便盆是需要花点时间的,即使是已经可以熟练地使用便盆的孩子,有时也会因为各种压力,如家里有刚出生的弟弟妹妹,或是孩子最喜欢的保育老师很久没出现而出现状况。只要教师和家长能对幼儿有合理的期待,就能坦然面对幼儿的意外状况。

三、社区指导性照护服务

社区指导性照护服务是指社区亲子中心面向社区1～2岁幼儿及其家庭,开展幼儿早期养育指导的服务,包括亲子早教课、家长课堂、普惠托育服务等,旨在通过示范和引导,将科学的育儿理念传递给家长,延伸进家庭。

【情景再现】

小陈总觉得自己的宝宝1岁断奶以后,抵抗力就没有以前那么好了。前几天去过人多的商场后,宝宝就发烧咳嗽,因为肺炎住院了。正好,这几日社区组织的宝妈群有儿童医院的医生为大家讲解小儿肺炎的预防和病中照护,小陈拉着婆婆一起学,并根据医生的讲解对宝宝进行护理。医生特别叮嘱不能同时给宝宝服用多种药物,不能因为宝宝症状好转就擅自停药,也不能为了改善口感,用牛奶果汁冲兑药品。待宝宝康复以后,小陈婆婆又带着宝宝出现在社区里,在和很多家长聊天的过程中,小陈婆婆和大家分享宝宝病中照护的注意点,以及如何预防小儿肺炎,俨然也是一名"老师"了。

一转眼,小陈的宝宝 1 岁半了,越来越调皮,小陈的婆婆带孩子越来越觉得力不从心。看到社区亲子中心提供的周边托育机构的相关信息,小陈瞬间感觉找到了救星。而且社区亲子中心最近响应国家政策,也新开了半日的托育服务,受到了大家的一致好评。

(一) 线上社群育儿指导

1～2 岁的幼儿越来越独立,对世界充满了探索的欲望,喜欢模仿,喜欢尝试独自完成一件事,也喜欢不断地重复,通过重复累积经验。很多幼儿开始有"我的"意识,在和其他孩子的交往中开始出现"抢东西""不愿意分享"等行为。要通过多种渠道和方式,引导家长了解这是幼儿成长过程中的必经阶段,不必为此焦虑,但幼儿需正确引导。这是本阶段线上社群育儿指导需要关注的重点。此外,还可以与家长分享如何培养幼儿良好的生活习惯,如何给幼儿讲绘本,如何培养幼儿的专注力,如何带幼儿去医院看病,幼儿安全用药须知,幼儿动作、认知、社交、语言发展等方面的特点等。

由于家长需要照顾孩子,所以长时间的线上育儿指导往往无法吸引家长,可以考虑将其中的重要知识点转化成简短的"家长微课堂",每次就一个主题讲解 10 分钟左右,便于家长学习和理解。

(二) 线下社区托育照护服务

2019 年 5 月,国务院办公厅印发的《国务院办公厅关于促进 3 岁以下婴幼儿照护服务发展的指导意见》指出:"充分调动社会力量的积极性,多种形式开展婴幼儿照护服务,逐步满足人民群众对婴幼儿照护服务的需求。"一方面为了积极响应国家号召,另一方面为了切实满足社会托育需求,社区普惠性托育照护服务势在必行。

1. 社区普惠托育项目

此类项目多在政府的支持下,以公助民办的形式开展,利用社区服务中心的公共用房和场地开展,项目可以联合社会组织或外部企事业单位合办。社区普惠托育项目建设的最小单元是仅有 1 间托育教室,没有厨房供餐,在这样的条件下可以开展半日托、临时托、计时托等项目;如果能对接符合资质的配餐公司,也可以考虑开展全日托项目。

2. 社区普惠托育服务

社区普惠托育服务多以混龄班为主,年龄涵盖到 18 个月的幼儿,但以 2～3 岁幼儿为主。这样的托育服务可以帮助幼儿和不同年龄的同伴共同学习、合作和交往。保育老师要准确掌握不同年龄段幼儿的行为特点和认知水平,有针对性地开展活动,按照年龄段分组进行引导,不同年龄的幼儿既能互不干扰,也不会阻隔小年龄幼儿对大年龄幼儿的观察模仿,还能提供大孩子带小孩子玩耍和交流的机会。

(三) 操作指导

1. 社区普惠托育服务的招生与宣传

要让社区家长知道和了解社区的普惠托育服务项目,就要进行宣传,吸引家长带孩子一起来体验服务。

线上社群引流:可以在原有的社区亲子社群和宝妈群中介绍社区普惠服务项目,吸引家长来体验。

线下活动引流:可以通过在社区开展有趣的免费亲子活动,吸引家长和孩子前来参与和体验。

合作引流:可以与社区内母婴店、水果店等商铺合作,介绍社区普惠服务项目,让更多的人了解。

优惠体验班引流:可以通过性价比较高的一周托育体验、一周半日托等体验活动来吸引家长。

2. 社区普惠托育服务开放日的组织流程

入园接待:2 位工作人员在门口负责迎接家长和孩子,引导他们签到、测体温,进行手部消毒,按指示路线进班,并在活动开始前 10 分钟与还未到达的家长打电话确认行程。

等待环节:活动室内可以准备茶歇区、游玩区,播放轻柔活泼的音乐,让家长和孩子有个亲切、舒适的等待环境。

展示环节:待家长和孩子全部到齐后,由工作人员带领,家长抱着孩子跟随参观场地、设施等,了解科学育儿的重要性及相关理念。待家长和孩子参观完回到教室后,由教师介绍托育服务的一日流程、保育工作,并组织一次亲子活动,在活动间隙向家长介绍活动设计的初衷与相关理论依据。

咨询转化:亲子活动结束后,教师引导家长一起将场地的布局调整为美食分享沙龙,让家长带着孩子一起分享水果和点心的同时,教师回答家长的各种问题,包括费用、服务时间等。

很多家长会担心以下问题：孩子这么小，是否能适应集体生活？如果产生分离焦虑，孩子哭个不停怎么办？生活作息和家里不同怎么办？被其他孩子打了怎么办？教师要耐心解答家长的问题，或通过进一步展示托育服务的专业性，以打消家长的担心和疑虑。

3. 社区普惠托育服务办理入托的流程

确认孩子的健康状况，告知家长具体的费用，请家长带上孩子的照片、疫苗接种记录复印件、户口本复印件、体检报告复印件来办理入托手续。

签订入托协议，并发放家长手册。

登记新生的具体信息。

按协议约定时间，通知家长并安排孩子入托。

出示收费标准，收取足额费用并开具发票。

思考题：

1. 设计 13～18 个月幼儿的爬行游戏，注意排除各项安全隐患。

2. 设计 19～24 个月幼儿的语言游戏，并说明相关依据。

3. 根据《0 岁～6 岁儿童发育行为评估量表》，选定一个 1～2 岁幼儿的测试项目，将此项目的操作性定义和实际过程写下来。

4. 在托育机构见习或实习时，观察来园和离园环节中家长和教师之间是如何沟通的，他们的沟通过程中，有哪些值得学习之处？存在哪些问题？

5. 以小组为单位，到社区医院观察来打疫苗的幼儿，根据幼儿的外貌和行为特点，判断幼儿的年龄并进行验证。

6. 为 1～2 岁的幼儿（月龄段可自选）设计一日活动计划以及 2～3 个亲子游戏。

第三章 2~3岁科学育儿照护指导

2~3岁是个体生长发育速度较快的阶段。2~3岁幼儿生长与发育的具体情况见表3-1。

表3-1 2~3岁幼儿生长与发育状况达标参考

	2岁		3岁	
	男	女	男	女
平均体重	13.19 千克	12.60 千克	15.31 千克	14.80 千克
平均身高	91.2 厘米	89.9 厘米	98.9 厘米	97.6 厘米
平均头围	48.7 厘米	47.6 厘米	49.8 厘米	48.8 厘米
平均胸围	49.89 厘米	48.84 厘米	50.80 厘米	49.91 厘米
牙齿	开始长第二乳磨牙,直至16颗左右		20 颗乳牙出齐	
视力标准	0.5		0.6	
睡眠	一昼夜睡 12~13 小时		一昼夜睡 12~13 小时	
大小便	会主动表示大小便,白天基本不尿湿裤子		晚上能控制大小便,不尿床	

1. 生活能力

2~3岁幼儿能按时上床,安静入睡,醒后不影响别人,养成良好的睡眠习惯;能用小勺吃完自己的一份饭菜,愿意吃各种食物,会自己用杯子喝水(奶);学用肥皂和毛巾来自己洗手和擦脸,开始主动如厕;有模仿成人动作的兴趣,学习自己穿脱简单的衣裤和鞋袜。

2. 其他能力

动作:在大肢体动作方面,2~3岁幼儿能钻、爬,上下楼梯,学走小斜坡;在精细动作方面,幼儿能搭积木、穿珠子、撕纸、捏橡皮泥等,手指灵活性和手眼协调性达到一定的水平。

语言:2~3岁幼儿能学用普通话来表达自己的需求,乐意参加阅读活动,喜欢学讲故事、学念儿歌,能理解并执行成人简单的语言指令。

认知:2~3岁幼儿知道常见的动植物,一些简单的数,指认一些颜色、形状、空间关系(上下、内外);开始了解人、物、事之间的简单关系;能跟着音乐唱唱跳跳,用语言、动作、图画等多种方式表达自己的感受。

情感和社会性:2～3岁幼儿能逐渐适应集体生活,愿意亲近老师和同伴;有初步的自我保护意识;初步知道对人要有礼貌,不能影响别人的活动;知道自己的性别;知道要轮流等待,但常常没有耐心;大吵大闹和发脾气已不常见,对成功表现出积极的情感,对失败表现出消极的情感。

第一节　25～30个月幼儿的家庭照护

这个阶段的幼儿越来越有自己的主张,这是幼儿自身能力增强和渴望独立的表现。随着独立性增强,幼儿的语言能力也日益提高,说短句时目的性明显增强,会提出各种需求。

一、家庭监护回应式照护

(一) 卫生保健

1. 健康照护

幼儿25～30个月时,将出齐20颗乳牙,其体格发育情况见表3-2。

表3-2　25～30个月幼儿体格发育参考指标[①]

月　龄	体重平均值(千克)		身高平均值(厘米)		头围平均值(厘米)	
	男	女	男	女	男	女
24个月～	13.19	12.60	91.2	89.9	48.7	47.6
30个月～	14.28	13.73	95.4	94.3	49.3	48.3

(1) 健康检查

这个阶段的体检除了身高、体重、头围、心肺等常规检查外,还会着重认知、社交等方面的检测。

检查口腔:幼儿的20颗乳牙快长齐了,要关注幼儿是否有龋齿。

包皮检查:男宝宝需要注意是否存在包茎、包皮过长等情况,听从医生建议处理。

评价智能发育:幼儿会说简单的句子了,如果幼儿此时说话仍不流利,建议咨询医生是否需要做其他检查以明确语言发育迟缓的原因;幼儿能走、跑、自己下楼梯,遇到障碍物能避

---

① 本书编写组. 0～3岁婴幼儿托育机构实用指南[M]. 南京:江苏凤凰教育出版社,2019:266,268.

开;能用笔画圆圈、画直线,能把珠子串起来;愿意和小朋友玩耍;表现出多种情感(同情、爱、不喜欢等);明白"我的"和"他的"的概念等。

微量元素检查:主要检查幼儿血液中钙、铁、锌、硒、铜、镁和铅等的含量。微量元素一般半年到一年检查一次。

(2)预防接种

应按通知及时接种、补种相关疫苗。

(3)疾病预防

营养不良可导致幼儿体重减轻、身体各器官系统功能紊乱,还可能损伤认知能力和抽象思维能力的发展,儿童营养性疾病不容忽视。营养不良的主要原因有:一是摄入不足,如喂养不当、偏食、挑食、吃零食过多、不吃早餐或早餐搭配不当等;二是消化吸收不良;三是需要量增加,幼儿处于生长发育的阶段,对营养素尤其是蛋白质的需要量比较多;四是在疾病的恢复期,营养的需要量增加易导致营养素相对缺乏,糖尿病、发热性疾病等各种疾病也可使营养素的消耗量增加而导致营养不足。幼儿发生营养不良要及时咨询医生。平时应注意合理喂养,纠正幼儿不良的饮食习惯,保证充足的睡眠,定期监测幼儿的生长发育情况。

肥胖不仅影响幼儿的健康,而且易导致成年期的高血压、糖尿病、冠心病等。判断幼儿肥胖的标准为:超过同年龄同性别幼儿体重均值的20%为轻度肥胖,超过40%为中度肥胖。导致幼儿肥胖的主要原因是摄入过多和活动过少。在肥胖儿童的饮食中,垃圾食品占的比重较大,如膨化食品、油炸食品、方便面、饮料等,长期吃这类食品,容易造成脂肪在体内堆积,并易伴有缺铁性贫血、糖尿病等。肥胖儿童大多不爱运动,不爱运动会让肥胖程度加剧,形成恶性循环。此外,进食过快也可导致幼儿过量进食,进而导致肥胖。因此,建议家长要有正确的认识:要鼓励孩子参加适当的运动,定期监测孩子的体重;加强孩子的饮食管理,平衡膳食,控制脂肪的摄入,给予多样化的食物,尽量减少不健康食品的摄入,避免肥胖。

幼儿龋齿的主要发病因素有:临睡前吃东西或口含食物睡觉,食物残渣引发细菌侵袭。预防龋齿要采取综合性措施,教会孩子正确的刷牙方法,注意口腔卫生;要控制饮食中糖的摄入量,提倡多吃粗粮;定期进行口腔检查,及早发现龋齿,尽早开始治疗等。

预防幼儿斜视、弱视和近视,需要合理安排幼儿的作息时间,控制幼儿近距离用眼的时间;注意保持正确的读写距离;积极开展体育锻炼,做到饮食合理,补充足够的优质蛋白质、维生素和钙、磷、锌等微量元素;每年两次定期检查视力,早期发现视力问题等。

2. 安全照护

这个年龄的幼儿活泼好动,带幼儿到公共场所时应注意照顾好幼儿,避免发生意外。

在人多拥挤的场合,如商场、步行街、公园等地,不要让幼儿离开家长的视线,人多时家长要拉住幼儿的手,避免幼儿走失、挤伤。

不要让幼儿在光滑的地面(如瓷砖、大理石地面)处嬉戏,以防滑倒。也不要让幼儿在玻璃柜台、大镜子、玻璃移门处打闹嬉戏,以免撞碎玻璃和受伤。

禁止幼儿攀爬自动扶梯和护栏,禁止幼儿独自一人乘坐电梯,以防出现坠落、摔跤、轧伤等意外伤害。

禁止幼儿捡拾颗粒样物品,以防塞入口中引起窒息。

严禁让幼儿独自在水池边玩耍、逗留,以防溺水事故的发生。

注意居住地周围的环境变化,如果居住地周围有泥坑或水井、窖井、粪坑等(尤其未加盖),应告知幼儿不要走近这些危险地带。

【情景再现】

我满2周岁了,可以入托了。8月5日,妈妈带我到指定医院进行入托前的体检。体检中医生给我量身高,称体重,检查牙齿,测视力,还给我抽了血! 医生把针扎进我的手指时,我没有哭,医生夸我很棒!

3. 操作指导

国家规定即将入托的幼儿,在入托前必须进行全面的健康检查,预防将某些传染病带入集体中;入托前的健康检查还能让托育机构更好地了解和掌握每名幼儿生长发育的状况。

一般来说,弱视、听力不佳或者发育迟缓等问题,3岁之前发现并及时治疗效果最佳。所以,家长要重视孩子成长过程中的每一次体检,以防患于未然。

入托体检通常包括测量身高、体重,检查牙齿,检测血常规、肝功能、心电图等。

体检前一天幼儿要休息好,饮食要清淡,以保持最舒适和饱满的精神状态。

如果幼儿正在患病期间,不能进行体检,可以等完全康复后再进行体检。

体检当日早晨需要幼儿空腹,抽血完毕后可给孩子补充些温水和食物。

对于情感比较细腻的幼儿,别忘了随身带一件他喜欢的玩具,以缓解他的心理压力。

给幼儿穿宽松舒适且方便穿脱的衣服,切勿穿过紧的内衣。

(二) 生活照料

1. 营养

(1) 科学喂养

25～30个月的幼儿可以逐渐向成人的饮食靠拢,要注重食物品种的交替轮换,以保持幼儿进食的兴趣。幼儿每日主食75～125克,豆制品5～15克,肉、蛋等100～125克,蔬菜水果各 100～150 克,牛奶 350～500 克。在三餐的基础上,下午再加一餐点心。蔬菜与动物性食品要搭配食用,以全面提高营养。蔬菜与豆制品一起烹饪,口味鲜美,色彩美观,能够吸引孩子的注意,提高食欲。脂肪摄入要适量,每日可供给 30～35 克,主要来源为动植物油、乳类、蛋黄、肉类和鱼类。

幼儿的膳食应专门加工、烹制,并选用适合的烹饪和加工方法:将食物切碎煮烂,易于幼儿咀嚼、吞咽和消化,注意要去除皮、骨、刺、核等;宜采用蒸、煮、炖、煨等烹饪方式,不宜采用油炸、烤、烙等烹饪方式。口味以清淡为好,不应提供过咸和辛辣的食物,尽可能少用或不用含味精或鸡精、色素的调味品。

(2)家长照护要点

培养幼儿良好的饮食习惯,首先,要做到定时定量,应安排好三餐及点心的量和时间;其次,不要养成幼儿挑食、偏食、吃零食的习惯。

鼓励幼儿自己用小勺吃饭,愿意吃各种食物,有良好的咀嚼习惯,能自己用杯子喝水(奶)。

家长要警惕幼儿由于吃得过多、活动过少而导致的肥胖;饮食过精、过细,容易使幼儿体内缺少纤维素导致便秘和消化不良;幼儿营养摄入过度容易导致性早熟;幼儿过多食用垃圾食品容易引发高血脂、高血压等。

2. 生活卫生

培养幼儿的生活自理能力,包括学习洗手,擦脸,刷牙,按时上床,自己入睡等。

幼儿学习如厕会是一个较长的过程。如果成人太过严厉,孩子就会紧张,扰乱大小便的自然节律。家长可以鼓励孩子定时大小便;如果孩子不小心拉在裤子里,家长要宽容"宝宝,这不是什么大问题,我们换上新的裤子就可以了";孩子每次拉完大便,可以引导他体验身体轻松舒畅的感觉,鼓励他,这对培养孩子的自信心和良好的生活习惯都有很大的帮助。

协助幼儿学习自己穿脱衣裤、鞋袜。平时,幼儿衣着不宜过多、出汗后容易导致感冒;衣物应宽松、舒适、便于穿脱。

【情景再现】

我是能干的宝宝,自己的事情自己做。我自己用勺吃饭,自己用杯子喝水(奶),自己睡觉,自己洗手、擦脸,会自己穿鞋袜、解衣扣。每天晚上,妈妈帮我挤一点儿童牙膏,我学着自己刷牙、漱口。我还在家里练习坐小马桶大小便。我经常去理发,能乖乖地配合理发师。

3. 操作指导

引导幼儿认识橘子,学习剥橘子的方法,提高手指灵活性。

家长拿出一个橘子,问幼儿:"这是什么?"家长让幼儿摸一摸橘子,认一认橘子外皮的颜色。

家长教幼儿学习剥橘子:"剥橘子,要小心,轻轻剥。""剥下的橘子皮放哪里呢?"教幼儿橘子皮要放到垃圾桶里,不能随便乱丢。

家长带着幼儿一起数一数有多少个橘子瓣。最后,引导幼儿尝一尝橘子,并和家人分享。

二、家庭早期学习机会适宜性照护

(一)大肢体动作发展

1. 大肢体动作发展重点

25～30个月的幼儿能双脚交替走楼梯,能双脚离地跳;能后退、侧着走和奔跑,能轻松地立定蹲下,能手脚基本协调地进行攀爬;会迈过低矮的障碍物;能滚球、扔球;会举起手臂有方向地投掷;会骑三轮车和其他大轮的玩具车。

此阶段应锻炼幼儿的弹跳力和身体的灵活性,增强运动中的肢体平衡能力。

结合《0岁～6岁儿童发育行为评估量表》中25～30月龄幼儿大肢体动作测评项目,可以指导家长与25～30个月的幼儿开展亲子互动。

双脚原地向上跳(25月龄):家长示范双足同时离地向上跳起,鼓励幼儿照着做,幼儿会双足同时向上跳离地面,同时落地,连续两次以上。

双脚原地向前跳(25月龄):地面上画几片荷叶,家长示范双足同时向前跳,鼓励幼儿像青蛙一样,沿着荷叶向前跳,连续两次以上。

交替向前跨步跳行(26月龄):家长示范双脚交替向前跨步跳行,鼓励幼儿模仿着跳行。

独自上楼(27月龄):鼓励幼儿不扶扶手,走上楼梯至少三阶。

独自下楼(28月龄):鼓励幼儿不扶扶手,走下楼梯至少三阶。

单脚站2秒(29月龄):家长示范单脚站立,鼓励幼儿照着做。幼儿不扶任何物体单脚站立至少2秒。

单脚原地跳起(30月龄):在地面上画一个直径20厘米的圆圈,幼儿双脚站在圆圈内,一只脚弯曲抬起,另一只脚跳起1～3次,然后换另一只脚练习。幼儿如能不跳出圆圈则更佳。

25～30个月幼儿大肢体动作发展的重点是跳,跳是锻炼幼儿肢体灵活性和协调性的最好方式之一,家长要给幼儿创造机会,多运动、多锻炼。

儿童平衡车也称儿童滑步车,适合2～7岁幼儿。不同于自行车,它没有脚踏、辅轮和链条,骑行时需要幼儿用脚持续蹬地提供助力,当到达一定速度时车子就会顺利滑行,幼儿可以收起双脚;当速度慢下来后,幼儿继续用脚蹬地提供动力。骑平衡车需要身体的各个部位协同配合,有利于增强幼儿手、眼、脚的配合能力,提高身体的协调性。幼儿可以多骑平衡车。

图3-1　骑平衡车

家长还可以与幼儿玩各种球类游戏,相互扔球、滚球和踢球等,在游戏中锻炼幼儿的走、跑、扔、投掷和弯腰拾捡等动作。

【情景再现】

我两岁了,我试着玩单杠、游泳、从高处往下跳,还喜欢玩海洋球和大龙球。我是剖腹产出生的,妈妈说这些运动有助于提高我的感觉统合能力。

我喜欢骑平衡车,从三轮车换到两轮车,看,我是不是越来越酷?

我喜欢奔跑,也喜欢爬上爬下,爬假山,走楼梯,都难不倒我。

2. 操作指导

多提供触觉刺激,锻炼幼儿的手眼协调能力和感觉统合能力。

家长准备一个大龙球。让幼儿趴在垫子上,家长先用手给幼儿按摩,然后推动大龙球从幼儿身上轻轻地滚过,慢慢地增加滚动大龙球的力度。

可将大龙球从幼儿手臂,腿部等处滚一遍。还可以让幼儿趴在大龙球上,家长扶着幼儿的腿,让幼儿在球上滚动或捡拾地上的物品。

(二) 精细动作发展

1. 精细动作发展重点

25～30个月的幼儿能用积木搭桥、搭火车;会转动把手开门;会拧开瓶盖取物;会自己洗手和擦脸。

此阶段应促进幼儿手指动作的灵活性和技巧性,积累复杂动作的经验;提高手眼协调能力与控制能力;模仿涂画,提高手指动作的精确程度。

结合《0岁～6岁儿童发育行为评估量表》中25～30月龄幼儿精细动作测评项目,可以指导家长与25～30个月的幼儿开展亲子互动。

穿过扣眼后拉线(25月龄):家长示范用线穿过扣眼,并将线拉出,鼓励幼儿模仿着做。

端盘行走(26月龄)：家长取一只盘子，里面放入一个乒乓球，让幼儿端着盘子行走2～3米，保持乒乓球不掉出来。

模仿搭桥(27月龄)：家长示范用三块积木搭成有孔的桥，鼓励幼儿模仿着用三块积木搭桥。

穿扣子3～5个(28月龄)：家长示范连续用线穿扣子3～5个，鼓励幼儿照着做。

模仿画竖线(29月龄)：家长与幼儿同向坐，家长示范画一条竖线，鼓励幼儿模仿着画竖线。

画单一图形(30月龄)：鼓励幼儿模仿着画圆圈和其他图形。

家长还可以给幼儿准备橡皮泥，让孩子揉、搓、团橡皮泥；放手让幼儿自己穿脱简单的衣物，鼓励他自己洗手，自己擦嘴等，锻炼幼儿手指的灵活性。

【情景再现】

我2岁多了，我的小手真能干。妈妈带我去抓小鱼，我用网兜捞鱼，太难了，我捞不到鱼；后来我就缩小范围，在长方形小盒子里捞鱼，终于捞到鱼了。

托盘本来是玩过家家游戏的玩具，但是我在托盘里放了个会滚动的小球，就变成了有难度的运动游戏。我很喜欢这个挑战，努力让盘子保持平稳，不让小球掉下来，我成功了！我又发明了个新游戏，站在托盘上，托盘会一翘一翘的，我努力控制自己的身体，让身体保持平衡。

图3-2　用网兜捞鱼

图3-3　托盘本来是过家家玩具　　　　图3-4　托盘引发的运动游戏

涂色、贴贴纸、玩拼图,都是我喜欢的,看我"工作"得多专注。

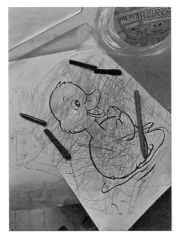

图3-5　涂色　　　　　　　图3-6　贴贴纸　　　　　　图3-7　拼图

我最爱玩沙子,我可以舀沙子、堆沙子、装沙子、铲沙子、用小车推沙子……沙子的流动性非常强,我可以任意想象,创造出不同的东西。

2. 操作指导

引导幼儿把乒乓球塞进袜子里做成"毛毛虫",提高手眼协调能力。

家长示范将乒乓球一个一个地塞入袜子里,塞满后用橡皮筋绑紧袜子的尾部,最后贴上事先画好的眼睛,"毛毛虫"就做好了。鼓励幼儿模仿着自己做一个"毛毛虫"。

(三) 认知发展

1. 认知发展重点

25～30个月的幼儿对周围的事物感兴趣,爱提问题;能基于形状、大小、颜色等给物体做简单的分类;能重复一些简单的韵律和歌曲;能感知物体的软、硬,冷、热,大、小,多、少,长、短;能跟着唱数;游戏时能用物体或自己的身体部位代表其他物体。

此阶段应培养幼儿做事的秩序感,增强做事的有序性和技巧性;通过认识不同颜色,增强幼儿对色彩的分辨能力;增强幼儿对图形和数的认识。

结合《0岁～6岁儿童发育行为评估量表》中25～30月龄幼儿认知发展测评项目,可以指导家长与25～30个月的幼儿开展亲子互动。

初步了解自然常识(25月龄):家长要不时地结合生活向幼儿介绍各种自然现象和相关的知识。

正放拼板(26月龄):将圆形、方形和三角形的积木放在拼板相应的孔旁,请幼儿将积木放入相应形状的拼板中。

认识大小(27月龄)：家长向幼儿出示不同大小的苹果、饼干等,请幼儿把大的苹果或饼干给家长,看看幼儿能否正确辨别大和小。

知道"1"(28月龄)：把一块积木和数块积木分别放在两边,请幼儿指出哪边的积木多;再问问他"这是几个",看看幼儿能否回答"是1个"。

认识颜色(29月龄)：刚开始,幼儿识别不了很多颜色,家长应从身边常见的颜色开始,帮助幼儿学着辨别红色、蓝色、黄色、绿色等。

倒放拼板(30月龄)：家长把三角形、圆形和方形的积木打乱,倒置,看看幼儿能否把积木放入相应形状的拼板中。

【情景再现】

奶奶买了做实验的玩具,我不会玩,爸爸和我一起玩：红色的水加入黄色的水可以变成橙色的水,好神奇!

我喜欢车,爷爷奶奶经常带我去看推土机、压路机、大吊车、洒水车⋯⋯在外面遇到别的小朋友在玩车,我也想玩一玩,奶奶教我用自己的车和别的小朋友交换着玩,我渐渐懂得了分享的重要性。

我2岁多了,爸爸、妈妈、爷爷、奶奶带我去动物园玩。看到真的大象我有些激动,象鼻子长长的、弯弯的、卷卷的,像条蛇。动物园里的许多动物是平时看不到的,真实的动物与卡通形象区别挺大。

我快两岁半了,爸爸妈妈两个人去新疆旅游,爷爷奶奶照顾我。这是我懂事后第一次跟妈妈长时间分离。奶奶看我闷闷不乐,就带我在电脑上看和新疆相关的信息。奶奶每天都给我看爸爸妈妈发来的照片——新疆在下雪,爸爸妈妈冻得发抖。离开妈妈的十天,我表现得很乖,也很坚强。奶奶还找出新疆的许多水果,让我指认哈密瓜、葡萄、梨,我感觉我和爸爸妈妈的距离拉近了。

2. 操作指导

引导幼儿认识几种常见动物的脚丫,并体验辨认动物脚丫的乐趣。

家长提问："宝宝,你的小脚丫在哪里? 你有几只小脚丫呀? 请你走一走、跳一跳、跑一跑。"

家长出示一些动物脚丫的图片："我这里还有许多小脚丫,请你看看。它们都是谁的小脚丫呀?"

家长念儿歌"谁的脚丫尖？小鸡的脚丫尖。谁的脚丫扁？小鸭的脚丫扁。谁的脚丫大又圆？大象的脚丫大又圆"，引导幼儿边念儿歌边做动作，再认一认各种动物脚丫的特征。

在生活中，家长还可以引导幼儿观察常见动物的一些特征，并进行儿歌的仿编，如小鸡（小鸟）的脚丫尖，小鸭（小鹅）的脚丫扁，大象（大熊）的脚丫大又圆等。

（四）语言发展

1. 语言发展重点

25～30个月幼儿的咿呀学语声基本消失；幼儿会用日常生活中的一些常用形容词；开始用"你"等代名词；会念简单的儿歌；会说完整的短句和简单的复合句；能区分书中的图画和文字；愿意独自看简单的图画书。

此阶段应促进幼儿说话的连续性和清晰度；通过说短语、说句子，逐步提高幼儿的表达能力；丰富幼儿的经验和知识，提高其语言表达的流畅程度。

结合《0岁～6岁儿童发育行为评估量表》中25～30月龄幼儿语言发展测评项目，可以指导家长与25～30个月的幼儿开展亲子互动。

生活用语表达（25月龄）：家长教幼儿完整表达某种需求，如"妈妈，我饿了""我要吃苹果""爸爸带我玩"等，当幼儿说2～3个字的短句时，家长可再添上2个字，让幼儿跟着复述，逐步提高幼儿的语言能力。

理解指令（26月龄）：家长对幼儿说"举起你的手"和"抬抬你的脚"，可重复指令一遍，家长不做示范动作，观察幼儿能否按指令做出举手和抬脚的动作。

说7～10个字的句子（27月龄）：家长说一句话"星期天妈妈带我去公园"，可重复一遍，观察幼儿能否完整复述。

说自己名字（28月龄）：家长问幼儿"你叫什么名字"，幼儿能正确回答出自己的大名。

情感用语表达（29月龄）：不同的语音语调能表达不同的情感，因而，家长和幼儿说话要有意识地使用相应的语音语调和语言。

叙事用语表达（30月龄）：通过讲故事，诵读儿歌，看画报等，引发幼儿复述的兴趣，并鼓励他积极表达自己的看法。

这个年龄段的幼儿说话时会有很多错误，嘲笑这些错误会打击他们学说话的勇气。比如，孩子说"给我一张花"，家长既不要嘲笑孩子，也不能为了逗孩子而故意将错就错，而要耐心地引导孩子。只要幼儿多听别人说话，自然而然就能正确使用语言。

【情景再现】

小时候看见其他小朋友玩玩具,我会直接抢,现在我能和其他小朋友用语言交流、协商了。我看见小哥哥拿了个玩具在玩,我凑过去问:"你玩的是什么呀?"小哥哥回答说:"玩具枪!"我一看还真挺好玩的,我对小哥哥说:"给我玩玩吧。"小哥哥说:"不行,你太小。"被小哥哥拒绝后,我有点沮丧,但能接受。因为小哥哥看上我的玩具,我也不愿意和他分享。

2. 操作指导

引导幼儿跟着儿歌节奏拍手,并学念儿歌。

家长与幼儿面对面站立,与幼儿一起一边念儿歌"小手小手拍拍,我的小手举起来",一边跟着儿歌的节奏拍手。还可以和幼儿一起创编儿歌。

(五) 情感与社会性发展

1. 情感与社会性发展重点

25～30个月的幼儿已有同情心;有简单的是非观念;喜欢参与同伴的活动,能和同伴一起玩简单的角色游戏,会相互模仿,有模糊的角色装扮意识;开始能表达自己的情感;开始意识到他人的情感;受到挫折会发脾气。

此阶段应引导幼儿熟悉身边常见物品的使用方法和功能;学习自己的事情自己做,增强自理能力。

结合《0岁～6岁儿童发育行为评估量表》中25～30月龄幼儿情感与社会性发展测评项目,可以指导家长与25～30个月的幼儿开展亲子互动。

脱单衣单裤(25月龄):家长引导幼儿学着自己脱单衣和单裤。

不乱扔果皮(26月龄):家长问幼儿:"乱扔垃圾是不对的,吃完的果皮应该扔哪儿?"观察幼儿能否正确回答或指出该扔进垃圾桶里。

开始有是非观念(27月龄):家长问幼儿"打人对不对",幼儿会摇头或说"不对"。

练习扣不同扣子(28月龄):在日常生活中,家长有意识地引导幼儿练习扣各种不同的扣子。当大人穿衣服时,还可以请幼儿为大人扣扣子。

练习穿套头衫(29月龄):家长示范穿套头衫,并引导幼儿跟着学。

认识表情(30月龄):在看图画书时,引导幼儿观察人物表情,说说人物表情是高兴还是不高兴等。

2岁多的幼儿有很强烈的自我意识,会宣示他的东西别人不能动,不愿分享,会抢别人玩

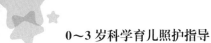

具以至于动手打人。家长对此不必太较真,此时孩子处于"自我中心"阶段,是成长过程中正常的表现。可以建议孩子之间商量着交换玩具玩。

【情景再现】

我上幼儿园托班

从2020年9月1日开始,我上幼儿园托班了。我得慢慢适应集体生活。

第一天,我进教室没有哭。

第二天去幼儿园,我要求带上我的小狗玩偶"汪汪"。在幼儿园里,我吃饭时抱着"汪汪",游戏时抱着"汪汪",妈妈接我回家时我也不放下"汪汪"。"汪汪"带给我安慰,能减轻我的恐惧和焦虑,是我适应新环境的情感拐杖。大人们说,"汪汪"是我的依恋物。依恋物可以是一个枕头,也可以是一个毛绒玩具。依恋物对于我们刚入托的孩子来说太重要了。

度过了最艰难的几天,我终于放下了"汪汪"。我逐渐适应集体生活啦!

2. 操作指导

引导幼儿愿意走到集体面前表现自己,大胆地说出自己的名字。

家长与幼儿面对面坐,将皮球滚向幼儿,问幼儿:"大皮球,圆溜溜,滚来滚去找到一个好朋友。这个好朋友叫什么名字?"鼓励幼儿大声说出自己的名字。还可以问问幼儿的年龄等。

第二节　31～36个月幼儿的家庭照护

这个阶段幼儿的运动能力相当不错,能奔跑、跳跃;能自己穿衣服、洗手、擦手、刷牙;能搭积木,甚至能玩简单的记忆游戏或棋类游戏。大多数幼儿能画竖直线,这个时候可以把幼儿的涂鸦作品粘贴在墙上,建一个小小的艺术作品展。

一、家庭监护回应式照护

(一) 卫生保健

1. 健康照护

31～36个月的幼儿视力水平为0.6;晚上能控制大小便,不尿床。31～36个月幼儿的体格发育见表3-3。

表 3-3 31～36个月幼儿体格发育参考指标①

月 龄	体重平均值(千克)		身高平均值(厘米)		头围平均值(厘米)	
	男	女	男	女	男	女
30个月～	14.28	13.73	95.4	94.3	49.3	48.3
36个月～	15.31	14.80	98.9	97.6	49.8	48.8

（1）健康检查

这个阶段的体检除了身高、体重、头围、心肺等常规检查外，还会着重认知、社交等方面的检测，这有助于幼儿在入幼儿园小班前排查问题。

口腔检查：医生会检查幼儿是否有龋齿，牙龈是否有炎症等，并指导家长引导幼儿做好口腔清洁工作。

视力检查：大部分幼儿的视力接近成人的水平。

评价智能发育：幼儿能较自如地掌控身体的平衡，完成蹦跳、踢球、跨越障碍、单脚站立等复杂动作；会使用筷子、勺子等，会折纸、捏彩泥等；能较自如地表达自己的想法，会说比较完整的句子，能回答关于"什么、为什么"等复杂些的问题；有初步的是非观，一定的自控能力，不轻易去做被禁止的事情；愿意排队，能参与集体游戏。

（2）预防接种

幼儿应按通知接种流脑等疫苗。

（3）疾病预防

根据2017年发布的《第四次全国口腔健康流行病学调查结果》显示，我国5岁儿童乳牙龋患率为70.9%，相当于10个孩子中，就有7个孩子有蛀牙！有些家长觉得乳牙迟早要换，蛀了也没关系，其实不然。乳牙不好会影响幼儿进食，营养摄取不够会直接影响生长发育；蛀牙造成的乳牙缺失还会导致恒牙萌出异常或咬合异常，孩子的脸型和发音都会受到影响，影响语言发育。保护牙齿除了正确刷牙外，还可以听取医生的建议定期给幼儿牙齿涂氟，甚至做窝沟封闭。

手足口病是一种常见于幼儿的急性传染病，常发生在4～7月份，4岁以下的儿童较多见，疱疹主要表现在手、足和口腔等部位。治疗和护理措施主要有：服用抗病毒的药物；保持局部清洁，避免细菌的继发感染；对症处理；若有发热，可用一些清热解毒的中药，一般1～2周可自愈。在流行期间，应隔离患儿，对接触过的易感幼儿加强观察，玩具、用具等应用消毒液进行消毒。

---

① 本书编写组. 0～3岁婴幼儿托育机构实用指南[M]. 南京：江苏凤凰教育出版社,2019：268,269.

水痘冬春季多发,常表现为发热、全身不适、食欲不振,次日先在躯干部出现皮疹,后逐渐扩展至面部和四肢。患病期间要加强护理,幼儿多休息,多喝水,多吃清淡、容易消化、富含营养的食物;保持皮肤和口腔的清洁卫生,勤换内衣,勤晒被褥,勤剪指甲;保持室内卫生,经常通风换气。水痘患儿从开始发病到全部结痂为止,都要做好隔离工作。对已经接触的易感幼儿,应该隔离观察 21 天。

2. 安全照护

交通事故是近年来婴幼儿意外死亡的重要原因之一。有很多婴幼儿交通事故发生在婴幼儿与成人同行时。

家人应教导幼儿遵守交通规则。要手牵着手带领幼儿行走于人行道上,没有人行道的靠路边行走;通过路口时应走横道线,不闯红灯,不让幼儿独自在马路上逗留。

乘坐汽车时,严禁幼儿单独或被抱坐在前排。幼儿宜在后排,坐在专用的幼儿安全座椅上。

乘坐公交车时,切勿让幼儿的头和手伸出窗外。

骑自行车带幼儿时,座位应放在家长前面,并注意脚的固定,防止幼儿的脚被夹入车轮内。

在黎明、黄昏以及其他能见度低的情况下(如雨天或雾天),应当给幼儿穿上带有反光材料的衣服。

【情景再现】

2 岁半时,我又去体检了。医生给我检查牙齿后说我的牙齿挺好,他帮我的牙齿涂氟,一点都不疼。医生还告诉我要少吃甜点、早晚刷牙、漱口,睡觉前不能吃甜点。

3. 操作指导

36 个月的幼儿可以:

- 骑三轮车;
- 两脚并跳;
- 爬攀登架;
- 独自绕过障碍物(如门槛等);
- 走较宽的平衡木;
- 自己上下楼梯;
- 用手指捏细小的物体,能解开和扣上衣服上的大纽扣,会折纸,洗手会擦干;
- 拧开或拧紧盖子;
- 握住大的蜡笔在大纸上涂鸦;

- 喜欢倒东西和装东西的活动,如玩沙、玩水;

- 乳牙出齐 20 颗;

- 开始有目的地运用想象,如把一块积木当做一艘船;

- 对物体进行简单的分类,如把衣服和鞋子分开;

- 熟悉主要的交通工具及常见的动物;

- 说出图画书上物品的名称;

- 喜欢有人给他讲故事,能一页一页地翻书,并假装"读书";

- 说出含 6～10 个字的句子,能比较准确地使用"你""我""他";

- 脾气不稳定,没有耐心,很难等待或者轮流;

- 喜欢"帮忙"做家务;爱模仿家人的行为,如喂玩具娃娃吃饭;

- 喜欢和别的孩子一起玩,相互模仿言行。

如果以上内容 36 个月的幼儿都能做到,那说明孩子发展得很不错!

如果孩子有 3～4 项未能达到,那就要多做相关练习;如果有一半都没有达到,那就要加把劲;如果又经过 1～2 月的努力还未能达到,就要求助于医生了。

发展警示:如果 3 岁幼儿不能自如地走,经常会摔倒,不能在成人帮助下爬台阶;不会提问题,不能指着熟悉的物品说出它的名称,不能说 2～3 个字的句子;不能根据一个特征把熟悉的物品分类(如把吃的东西和玩具分开);不喜欢和小朋友玩,就需要及时就医。

(二) 生活照料

1. 营养

(1) 科学喂养

31～36 个月的幼儿基本上可与成人吃一样的食物了,对饮食的限制也较少。

每天可安排蛋类、鱼虾类、瘦畜禽肉类等 100～125 克,米和面粉等谷类食物 100～125 克,用 10～20 克的植物油烹制上述食物。选用新鲜的蔬菜水果各 100～200 克。

粗粮可以逐渐进入幼儿的食谱,粗粮中含有丰富的 B 族维生素、膳食纤维、不同种类的氨基酸、铁、钙、镁、磷等,但也不宜多吃。

合理均衡的膳食,有利于幼儿的生长发育。

(2) 家长照护要点

这个阶段幼儿的 20 颗乳牙已全部长齐,但是此阶段是龋齿的好发时期,因此培养幼儿良好的刷牙习惯显得十分重要。

过早给予幼儿硬的食物会妨碍幼儿形成咀嚼的习惯,甚至产生不爱咀嚼食物的情绪。

因此,需要有耐心地教孩子咀嚼食物,切勿急躁,用餐时给予孩子充足的咀嚼时间。

鼓励幼儿自己用勺吃饭,为上幼儿园做准备。

2. 生活卫生

随着幼儿的成长,要培养幼儿养成良好的生活习惯,良好的生活习惯包括卫生习惯、饮食习惯、劳动习惯等。

培养良好的习惯应从日常生活中的细微之处开始,在孩子洗漱时,要逐渐教导他什么是脏的,什么是干净的;饭前便后要洗手,不能吃脏东西,不能随地吐痰,不能吮手指,不挖鼻孔,不抠耳朵等;要定期剪手指甲、脚指甲。

培养幼儿良好的作息习惯,通常幼儿每天需要睡 12～13 小时,其中晚上要睡 10 小时左右,白天睡 2～3 小时。

培养幼儿自己动手的习惯,引导他自己系扣子,自己穿裤子、穿鞋、脱鞋等。

【情景再现】

我快 3 岁了,我每天晚上 8 点钟就开始洗漱,做睡前准备。妈妈在床上给我讲故事,陪我聊天,一般我 9 点钟就能入睡。早上我 7 点半起床,洗漱后自己吃早饭,中午也是自己吃饭,午睡时自己脱衣服,自己睡觉。外出时,我会自己背上小书包。我是能干的宝宝。

3. 操作指导

引导幼儿认识花生的壳和花生米,学习剥花生的方法,发展手指精细动作。

家长示范从顶部轻轻剥开花生壳。"剥下的花生壳放哪里呢?"家长引导幼儿明白花生壳要放到小碗里或垃圾桶里,不能随意乱丢。家长带着幼儿一起数一数一个花生壳里有几颗花生米。家长指导幼儿剥花生、数花生米。

此活动主要锻炼幼儿剥的技能,培养手部精细动作及生活自理能力。注意不要让幼儿把花生米放嘴巴里,以免引起异物入气管。平时应将花生收在幼儿拿不到的地方。

二、家庭早期学习机会适宜性照护

（一）大肢体动作发展

1. 大肢体动作发展重点

31～36 个月的幼儿能走直线,能双脚交替灵活地走楼梯;能双脚离地连续跳跃 2～3 次,能跨越一条短的平衡木;单脚站立约 5～10 秒,能手脚基本协调地攀登;能将球扔出 2～3 米;能随口令做简单的动作。

此阶段应重点让幼儿感受重心的变化,提高大腿的控制能力和身体平衡能力。

结合《0岁～6岁儿童发育行为评估量表》中31～36月龄幼儿大肢体动作测评项目,可以指导家长与31～36个月的幼儿开展亲子互动。

沿直线走步(31月龄):在地上画一条宽5厘米的直线,贴上彩条,家长让幼儿站在线上,右脚向前迈步,脚跟落在左脚脚趾前,然后再迈左脚,脚跟落在右脚脚趾前,双脚交替行走在直线上。

沿曲线行走(32月龄):在地面上每隔20厘米贴上红色圆纸片,整条线路呈"S"形或"O"形曲线,家长鼓励幼儿踩点向前行走,反复练习。

立定向前跳远(33月龄):地上放一张A4白纸(宽20厘米左右),家长示范双脚离地跳过这张白纸,鼓励幼儿照着做。幼儿双足同时离地跳起越过白纸,不得踩到白纸。

定向踩点跳(34月龄):家长在地上铺上方形泡沫塑料垫,摆放时按不同颜色搭配,使同色塑料垫之间有一定间隔。家长示范按一定的规律跳,即脚着地时,必须踩在同一种颜色的塑料垫上。

双脚交替跳(35月龄):家长示范以高抬腿姿势原地双脚交替跳起,鼓励幼儿照着做。幼儿可双脚交替跳起,双脚离地5厘米。

双脚交替上楼(36月龄):家长示范不扶扶手,双足交替走楼梯,鼓励幼儿照着做。幼儿双脚交替上台阶,一步一台阶,可交替走三阶或以上。

2～3岁是培养幼儿平衡能力的关键期,如果幼儿发现四肢可以为他所用,大脑想做什么动作,四肢都可以配合,就能在肢体运动上建立自信,更有意愿去探索和学习。而走路容易跌倒,容易晕车,穿衣服对衣服内侧的标签十分抗拒的幼儿,建议可以多做一些感觉统合方面的练习,提高肢体的协调性和平衡能力。这个年龄段的幼儿可以滑滑梯、坐转椅、跳蹦床、攀登、玩平衡车等,多种方式促进身体的协调性和灵活性,并培养自信、积极、勇敢的个性。

【情景再现】

奶奶说我是男娃,要勇敢。她把我带到小区里高台的台阶上,说这是天然平衡木,要锻炼我的胆量。刚开始我有点怕,走着走着就不怕了,觉得很刺激、有挑战。

等我走熟练了,奶奶把我抱下来,说:"如果你还想玩,就自己想办法上去。"我发现一边有许多石头,可以自己爬上去。我手脚并用,终于爬上去了。

奶奶又给我增加难度了,她让我走的那段台阶上方有树枝挡住,我要走过去得弯腰、低头、蹲着走才能通过。我小心翼翼地走,终于通过了"危险路段"。最后,奶奶还让我自己想办法下来,我手脚一起用力,一步一步终于下来了。奶奶夸我真勇敢。

图3-8　走天然平衡木　　　图3-9　弯腰，低头，避开障碍　　　图3-10　自己爬下来

我喜欢在床上跳，奶奶在房间天花板上贴了根绳子，让我跳着够垂下来的绳子。我使劲伸手够绳子时，身体跳不起来，身体跳起来时，手又顾不上够绳子，练习了好几次，终于可以完成任务了。

我骑滑板车骑得不太熟练。奶奶鼓励我和骑平衡车的小朋友一起玩，刚开始我根本就追不上他们，后来我越滑越熟练，终于能追赶上他们。我的滑板车技术有了很大提高。

感觉统合训练室是我最喜欢玩的地方，那里有各种各样的滑梯，有不倒陀螺，有长长的圆圆的大滚筒，我推、我爬、我骑、我在上面走……为了避免摔跤，我必须高度专注。

图3-11　感觉统合训练

2. 操作指导

引导幼儿练习各种障碍爬，锻炼身体的平衡能力，体验探索的乐趣。

家长准备有障碍的"道路"，"道路"上有倒置的椅子，有桌子布置成的"山洞"，有小脚踏组成的"平衡木"等，鼓励幼儿爬、钻、走，通过这条"道路"。

（二）精细动作发展

1. 精细动作发展重点

31～36个月的幼儿会用积木或雪花片拼搭出较为形象的物体，会穿鞋袜和简单的外衣外裤。

此阶段应重点促进幼儿手指的灵活性，提高手指动作的连续性和控制能力，逐步过渡到能画简单的图形。

结合《0岁～6岁儿童发育行为评估量表》中31～36月龄幼儿精细动作测评项目，可以指导家长与31～36个月的幼儿开展亲子互动。

模仿画圆（31月龄）：家长示范画一圆形，鼓励幼儿模仿着画圆。幼儿画的圆应为闭合圆形，线条不能明显成角。

会拧螺丝（32月龄）：家长出示木制螺丝和螺母，示范将螺丝和螺母拧起来，鼓励幼儿模仿着双手配合拧螺丝。

自由摆放积木（33月龄）：鼓励幼儿自由搭建积木，家长在一旁给予鼓励。

钥匙开锁（34月龄）：家长出示三把锁和三把钥匙，引导幼儿将钥匙插入对应的锁孔，并拧开锁。

自己穿鞋（35月龄）：家长将幼儿的鞋脱下，鞋尖对着幼儿，鼓励幼儿自己穿鞋并将鞋提上，不要求分左右。

自己解扣子（36月龄）：家长鼓励幼儿自己解开扣子，扣子可以由大到小，逐渐增加难度。

建构游戏是不折不扣的动手游戏，大量用到插、拔、对准等精细动作。和其他玩具相比，拼搭积木更有开放性，即使是最简单的积木，也能通过拼搭组合获得无穷变化，让幼儿动手动脑并提升专注力。

【情景再现】

我想搭个导弹，找了很多圆柱形积木。先搭底座，再开始加高，在加高的过程中，积木很容易倒塌，我必须很专注、很仔细、很小心。终于成功了！

我喜欢拆小车，把这辆车的螺丝钉拧下来再装到另一辆车上。先用手拧螺丝，如果不好拧的话，我会使用螺丝刀。我很专注，可以坚持15～20分钟，有时玩得时间更长。

爸爸给我买了一份"挖掘恐龙化石"的玩具。我用小榔头敲呀敲，先把包在恐龙骨架上的泥土敲下来，再用小刷子刷呀刷，恐龙骨架终于完全露出来了。考古成功啦！

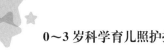

图3-12 拧螺丝　　　　　　图3-13 挖掘"恐龙化石"

2. 操作指导

引导幼儿发挥想象,初步积累搭建积木的经验,培养专注力。

很多家庭都有积木,家长可以在家开辟积木建构区,陪幼儿一起搭建积木。在选择积木时,可用多种材质,如塑料的,木质的等;还可以选择不同形式的积木,如拼的、插的、拧的等。积木建构区建议铺一块地毯,以免声音太响影响楼下的邻居。

(三) 认知发展

1. 认知发展重点

31～36个月的幼儿能区别红、黄、蓝、绿等常见的颜色;尝试画代表一定意义的涂鸦画;能记忆和唱简单的歌;能唱数 1～10,知道数字代表数量;会区分大小、多少、长短、上下、里外,能给物品分类;知道家里主要成员的简单情况。

此阶段应促进幼儿对色彩的分辨能力,增强幼儿对事物特征的认知,培养幼儿的观察能力。

结合《0 岁～6 岁儿童发育行为评估量表》中 31～36 月龄幼儿认知发展测评项目,可以指导家长与 31～36 个月的幼儿开展亲子互动。

分清里外(31 月龄):家长将一个乒乓球放入塑料碗中,引导幼儿分清乒乓球是在碗内还是在碗外。

积木垒高 10 块(32 月龄):家长示范积木垒高,鼓励幼儿把 10 块积木都垒起来。

懂得"3"(33 月龄):家长出示 3 块积木,问幼儿"这是几块积木",幼儿能说出"3 块"。

对相似图像的感知(34 月龄):家长出示各种物品的图片,如电视机、板凳、拖把、碗、椅子等的图片,让幼儿根据图片指出相应的实物。

感知社会文化的亲子游(35月龄)：家长多带幼儿参观博物馆、画展，游玩古镇、名城，多了解社会文化，积累相关经验。

认识常见颜色(36月龄)：家长出示红、黄、蓝、绿色的物品或图片，教幼儿辨别这几种颜色。

家长还可以带着幼儿感受大自然的花鸟鱼虫：春天的鲜花、草地，夏天的虫鸣，秋天的落叶，冬天的青松等。

【情景再现】

秋高气爽，阳光明媚，我们全家一起外出秋游。正值秋天，银杏树叶黄了，飘落在地上。我和爸爸、妈妈一起玩游戏，爸爸把我举得高高的，让我感受不同高度的不同视野。我们一家人参观了画展，画里的动物活灵活现，尤其是两条金鱼，一条红的，一条黑的，大大的眼睛，尾巴摆来摆去很漂亮。原来画画就是把实物画在纸上。

有时候，家人带我去公园玩。如果公园里有湖，还能玩水枪。我尝试自己用水枪吸水，自己用水枪喷水。

家里有块白色泡沫板，我用手抠出白色的泡沫粒，欢乐地嚷嚷"下雪了，下雪了"。瞧，我已经能把白色泡沫粒比喻成下雪了，厉害吧！

这次，我们全家去了中华麋鹿园，走进麋鹿园我看见地上堆了许多木头，立刻想起动画片里相似的场景，此时，现实和以往的经验融会在一起。我还试着自己喂麋鹿。

图3-14　喂麋鹿

2. 操作指导

引导幼儿练习短跑，随时停，随时再跑，初步了解阳光和影子之间的关系。

家长引导幼儿观察家长和自己的影子，然后让幼儿用脚踩家长的影子。刚开始家长可以让孩子踩到影子1～2次，之后当孩子快要踩到影子时，家长轻轻躲闪，引导幼儿练习随时停，随时跑，转弯跑等动作。家长还可以通过躲在树荫下等，让幼儿初步认识影子和阳光的关系。

(四) 语言发展

1. 语言发展重点

31～36个月的幼儿能回答简单问题，会问"这(那)是什么"；能说出物体及其图片的名称;词汇量增多,能说出较复杂的句子;知道一些礼貌用语,并知道何时使用这些礼貌用语;能理解简单故事的主要情节;会"念"熟悉的图画书给自己或家人听。

此阶段可以通过认读图片和观察事物,丰富幼儿的语言信息,帮助他感受语言情境,提高语速,提高语言表达的能力,增强口语表达的完整性。

结合《0 岁～6 岁儿童发育行为评估量表》中 31～36 月龄幼儿语言发展测评项目,可以指导家长与 31～36 个月的幼儿开展亲子互动。

说出 10 种物品(31 月龄):家长出示图片,依次指给幼儿看,鼓励其说出图片中物品的名称,幼儿能正确说出 10 种以上。

连续执行三个命令(32 月龄):家长让幼儿做三件事:擦桌子、摇铃、把门打开。命令可重复一遍。观察幼儿能否做每件事情,不遗忘任何一项,但顺序可颠倒。

说出自己的性别(33 月龄):家长问幼儿的性别,如"你是女孩还是男孩",幼儿能正确说出自己的性别。

观察画面说出特点(34 月龄):在看、读图片的过程中,家长提示幼儿记住每个画面的显著特征(如颜色、形状等),以提高幼儿的记忆能力和辨别能力。

儿歌接龙(35 月龄):在幼儿念熟悉的儿歌时,家长可与幼儿一句一句接龙,也可以一个字一个字接龙,锻炼幼儿的思维能力和语言能力。

实践体验(36 月龄):家长在运用词汇的过程中,可以让幼儿亲身体验词汇所表达的意见,如说"热"与"冷"时,家长可以在两只杯子里分别倒入温水和凉水,让幼儿用手触摸两只杯子,获得实际感受,提高对词汇的理解能力。

家长应鼓励幼儿学说普通话,大胆表达自己的需求;经常与孩子交谈,鼓励孩子回答问题;教孩子使用一些礼貌用语,如"谢谢"和"请",并告诉他何时使用这些礼貌用语;教导孩子记住家里人的名字和手机号码。

【情景再现】

我从小对垃圾分类感兴趣,爸爸会教我认垃圾车上的字"园区保洁",还说保洁就是保持干净、整洁,不乱丢垃圾;我也学着说"垃圾不能乱丢"。我还对各种警示标志非常好奇,爸爸会向我解释这是"不能下水游泳""不能钓鱼""不能划船"等。

这是我自己用积木搭出来的手机,妈妈说很棒。我假装用这个手机打电话:"喂,你在哪里,我马上就来。"

大人有时也会惊讶于我丰富的想象力。在饭店吃饭,桌上有一盆冰,我用手在冰上挖洞,他们问我这是什么,我一会儿说"这是火山,要爆发了,大家快跑",一会儿说"这是北极,

图3-15 我自己搭的积木电话　　　　图3-16 打电话

北极熊要出来了……"。我想象力很丰富,都是平时看绘本得到的经验。

2. 操作指导

引导幼儿听儿歌指五官,体验语言游戏的快乐。

家长念"小手拍拍、小手拍拍,眼睛(耳朵、鼻子、嘴巴)在哪里?眼睛(耳朵、鼻子、嘴巴)在这里,用手指出来",幼儿一边跟着念,一边指出自己的相应的五官。

家长还可以接着问"兔子(小狗、大象)的耳朵是什么样的",并指导幼儿用两手做兔子耳朵(小狗耳朵、大象耳朵)的动作。幼儿学会表示兔子耳朵、小狗耳朵、大象耳朵的动作后,家长进一步教幼儿念与兔子、小狗、大象相关的儿歌。

(五) 情感与社会性发展

1. 情感与社会性发展重点

31～36个月的幼儿能较好地调节情绪;会用"快乐、生气"等词来谈论自己和他人的表情;对成功表现出积极的情感,对失败表现出消极的情感;会表现出骄傲、羞愧、嫉妒等复杂的情绪;知道自己的性别,倾向于参加同性别群体的活动;能和同龄小朋友分享玩具,知道等待、轮流,但耐心不佳;会整理玩具,能自己上床睡觉。

此阶段应提高幼儿的生活自理能力;培养良好的生活卫生习惯;培养互相帮助的意识,适应生活和沟通的需要。

结合《0岁～6岁儿童发育行为评估量表》中31～36月龄幼儿情感与社会性发展测评项目,可以指导家长与31～36个月的幼儿开展亲子互动。

倒水不洒(31月龄):家长在一个大盆(或桶)里装上水,给幼儿两只塑料杯子,让他用一个杯子舀水倒进另一个杯子里,来回倒水,要求不洒出水来。

关爱大自然及动物(32月龄):家长带着幼儿多接触大自然,开阔心境,感受自然中的一草一木和各种动物,帮助幼儿从小树立环保意识。

懂得"饿了、冷了、累了"(33月龄):家长依次问幼儿"饿了怎么办?冷了怎么办?累了怎么办?",观察幼儿能否正确回答。

创设故事情境,发展解决问题的能力(34月龄):家长通过讲故事和提问题,引导幼儿逐步懂得想办法解决问题。如问幼儿:"小鸟的腿摔伤了怎么办?""路中间有一块石头会怎样?""小伙伴摔倒了怎么办?"让幼儿学着出主意,想办法。

参与简单劳动(35月龄):在日常生活中,家长在做家务时,要让幼儿参与劳动,让他做些力所能及的事,如吃完饭后把桌子擦干净,扫地等。

学习助人为乐(36月龄):在日常生活中,通过观察大人的行为,让幼儿逐渐懂得什么是友好、同情,以及如何去帮助别人。如妈妈与幼儿一起帮生病的爸爸洗脸、拿拖鞋等。家长要引导幼儿尊老爱幼、帮助他人,如安慰受伤的小伙伴,捡到物品要交还等。

这个阶段的幼儿处于秩序敏感期,他们对物品摆设的位置、动作发生的顺序、物品的所有权等有着严格的要求,如果遭到破坏就会感到不安、焦虑,甚至会表现出极端的反应(大哭大闹怎么哄都不行)。因为"秩序"能给这个年龄的幼儿带来安全感。幼儿除了不允许家长动自己的东西外,有些孩子还会表现为:门一定要让他开,电梯一定要由他自己按,纽扣必须自己解等。

【情景再现】

早上起来,我发现家里多了一大盒玩具。玩具拆封后,我和妈妈一起拼搭了一个工作台,里面最吸引人的是扮演医生的各种道具,我选了听诊器并挂在自己耳朵上。妈妈是我的第一个"病人",我给"病人"听心跳,我给"病人"打针,我给"病人"量体温。

这里的玩具很多,有些我认识,有些我不认识,但我可以自己想象。这是药片,我假装吃药;这是照喉咙或牙齿的小镜子,我试试;这个小钻头是做什么的,大概是补牙的;还有这个小榔头,大概是敲牙的吧。

玩着玩着,我突然站起来说:"我要下班了。"我走到餐桌前,假装吃饭,吃完饭,我又去"上班"了。

最近我经常发脾气。本来我要去按开门的开关,但爸爸先按了,我大哭了一场,必须重来,让我按开关。家里来客人了,我想去开门,可是爷爷先打开了门。客人都进来了,我又把客人推出去,必须重来,由我来开门。这是我的秩序敏感期来了,固有的秩序让我有安全感,否则我就会焦虑。

2. 操作指导

尊重幼儿的想象,鼓励幼儿操作玩具时与自己的生活经验相联系。

家长假装自己是"病人",幼儿扮演"医生"。"病人"可以有多种状况,如感冒发烧,肚子疼,摔伤等,鼓励"医生"及时救治"病人"。

家长还可以与幼儿一起玩"坐公交车""小厨房""娃娃家""小商店""小餐馆"等游戏。

第三节　25～36个月幼儿的社会照护

一、早教中心针对性照护服务

早教中心针对性照护是早教中心依据《0岁～6岁儿童发育行为评估量表》,由专业人员对每个幼儿进行测评,依据测评结果给家长进行养育方面的个性化、差异化指导。同时,这个年龄段的幼儿面临着入托、入园的实际需求,早教中心会及时给予家长一些建议和指导。

（一）幼儿入托、入园的适应

幼儿入托、入园的适应问题,是所有家长必须面对的一个难题。幼儿入托、入园的适应期到底会有多长,与每个孩子的性格有关,每个孩子的适应期会有所不同,没有确定的时间表。

1. 入托、入园中的分离焦虑

焦虑是一种预料到威胁但又无力应对的痛苦反应,是处于失助状态下不能采取有效行为去应对的消极情绪。与家人分离,进入完全陌生的集体环境,面对陌生的老师和同学,焦虑不安的幼儿通常表现为依赖性增强,不愿见生人,希望成人像对小婴儿那样给他喂饭,常常哭泣等。

2～3岁的幼儿从家庭进入集体生活时都会产生分离焦虑。

刚入托、入园的幼儿常常会情绪不稳定,最明显的表现就是哭哭啼啼,有的孩子会大哭大闹,有的孩子易受感染会跟着一起哭,有的孩子会断断续续哭一整天。通常来说,幼儿在集体生活中容易在这些时间点出现哭闹现象:早晨来园,午餐,午睡,如厕,下午离园。一般来说,幼儿第1天来园时带着好奇的心态;第2～3天是幼儿最难过、最伤心的时间段,甚至有些孩子会拒绝进园。第二个周一又会回到哭闹的状态,之后的周一都有可能出现反复哭闹、焦虑的情况,时间的长短主要取决于孩子的性格。家长需要做好充分的准备来帮助孩子度过入托、入园的适应期,一般经过"十一"长假后的小反复后,大多数孩子的情绪能基本稳定。

2. 应对幼儿入托、入园分离焦虑的策略

家长在家要提前调整幼儿的生活作息,尽量与托育机构、幼儿园的生活作息保持一致。教导幼儿学着自己穿衣、自己吃饭、自己上厕所等,这会让幼儿对于集体生活更有自信。去托育机构、幼儿园时,给幼儿穿的衣服要宽松一些,一是方便活动,二是上厕所方便。

家长在送幼儿入园时,要鼓励幼儿:"我知道你和我分开很伤心,但我相信你会在这里顺利度过一整天。我一定会按时来接你。"另外,家长一定要记得及时来接幼儿回家,见到幼儿时用语言和身体动作向孩子传递这样的信息:我真想你啊!

(二) 适合的活动方案

1. 大肢体动作活动方案

间歇上下台阶:幼儿在不扶扶手的情况下,一只脚先踏上台阶,另一只脚跟上来,停歇1~2秒后,重复前面的动作。幼儿每次总是先抬固定的脚,如第一次先抬左脚,第二次还是先抬左脚。这样连续上3~5个台阶后让幼儿休息一会儿,然后再分段上台阶。

连续上下台阶:幼儿在上下楼梯时,交替连贯使用左右脚,即左脚上第一个台阶,右脚上第二个台阶,这样连续上3~5个台阶后休息片刻,再重复上述动作。

单脚原地跳起:在地上画一个直径约20厘米的圆,让幼儿的双脚站在圆圈内,一只脚弯曲抬起,另一只脚向上连续跳起3次,不跳出圈外。然后换另一只脚练习。

交替向前跳跃:家长示范双脚交替抬起,单脚着地向前跳跃。鼓励幼儿模仿着双脚交替向前跳跃。

立定向前跳远:在地面上画两条间距15厘米的线,引导幼儿脚尖不要超过线,然后用力向前跳,看看能否跳过15厘米的线。之后可以逐步加大两条线之间的间距,提高难度。

上楼梯时,家长应站在幼儿后面,下楼梯时,家长应站在幼儿前面,以防幼儿后仰或前倾。大肢体动作练习应安排在饭前进行,活动时最好给幼儿穿弹力较好的运动鞋。

2. 精细动作活动方案

旋转动作:准备盖子需要旋转拧开的牙膏,引导幼儿试着自己拧开牙膏盖子。

十指对接:家长先做示范动作,让左右手指两两相对,手掌轻轻向内弯曲,形成一个空心球状,整体造型像一只桃子;再使用腕力前后翻转,好像一只球在滚动。引导幼儿模仿家长的动作。

折纸练习:取长方形或正方形纸一张,幼儿跟着家长学习折纸,如两角对折、三角对折、四角向中心折等,促进幼儿双手和手眼协调能力的发展。

画图形:鼓励幼儿照样子描画苹果、门窗、小船等图形。必要时,家长可扶着幼儿的手,让幼儿体会手的用力程度与动作技巧。

3. 语言活动方案

形象对比：家长与幼儿一起看书，用直观形象对比的方法增进幼儿对反义词的理解。如"长颈鹿的脖子长，小猪的脖子短""这匹是黑色的马，那匹马是白色的""小鸟在树上，小兔在树下"等。

丰富听读内容：家长在亲子阅读过程中，可以围绕一个话题扩展幼儿的词汇，如"大象的背上能坐几个人，真宽阔"等。

抽象语词练习：学习黑白、轻重、大小、长短、冷热、快慢、多少、上下、远近等词汇时，家长可以采用快速接龙的游戏方式帮助幼儿进行练习，如"兔子跑得快，乌龟爬得……"等。

练习唱歌：引导幼儿学唱儿童歌曲，锻炼口齿表达能力，使发音更清楚、流利。

鼓励幼儿多接触一些大孩子，为幼儿创造自由交流的机会。平时让幼儿学着说一些绕口令，以促进语言表达能力。

4. 认知活动方案

直观感受：家长带幼儿到户外或公园玩，在玩的过程中让幼儿直观感受大自然的场景，以及各种生活场景。

排序：家长按一红一蓝的顺序排列积木，鼓励幼儿按照这样的规律接着往下排列积木。

参照图纸拼插积木：家长准备好拼插积木，鼓励幼儿照图纸拼出圆形、方形、三角形、菱形等简单图形。

对号入座：家长拿出家人合影的照片，指着照片上的人问幼儿："爸爸在哪儿？妈妈在哪儿？"增强幼儿的记忆力和观察力。

在日常生活中，与幼儿对话时多使用形容词，增强幼儿对直观形象的感知。平时经常教幼儿念数字顺口溜，如"1是木棍子，2像鸭子，3像耳朵"等。

5. 社会性活动方案

学会礼貌用语：教导幼儿正确使用礼貌用语，养成良好的用语习惯，以适应社会交往的需要。

知道保持整洁卫生：当幼儿流鼻涕时，家长让幼儿对着镜子看一看自己脸部的样子，然后教幼儿用手帕或纸巾擦去鼻涕。

如何解决问题：家长事先在玩具娃娃的脸上、手上抹上一点灰，然后说："宝宝，你看娃娃脸上脏了，多难看呀，帮她擦干净吧。"鼓励幼儿给娃娃擦脸、擦手，逐渐使幼儿明白遇到问题应该思考如何解决问题。

自我反省体验:有时幼儿的情绪和行为表现不好,家长不需要马上斥责他,过一段时间后,再通过类比的方式让幼儿知道自己的行为不好在哪里,帮助幼儿逐步懂得"对"与"错"。

【情景再现】

君君36个月了,行为表现很大方,一点也不害羞,语言表达能力很强,认知发展、社会交往能力也不错。但君君上下楼梯时还需要手扶着墙,一步一步地往下走,做不到双脚交替上下楼梯,身体的协调性较差。他扣纽扣比较吃力。日常生活中,他需要在这些方面加强训练。

姓名		君君	
性别	男	生日	2018－3－2
年龄	36个月	测试原因	—
测试日期	2021－3－7	儿童类别	城市儿童
检测部分	序号	项目	检测结果
大动作	1	双脚交替跳	无法交替
精细动作	2	模仿画交叉线	线条扭曲
	3	会拧螺丝	3分钟只能完成1组
认知	4	懂得3	可以
	5	认识两种颜色	可以
语言	6	说出图片14样	说出16样
	7	发音基本清楚	发音清楚
社会行为	8	懂得饿了、冷了、累了	累了不太理解
	9	扣扣子	扣不上

图3-17 测评项目

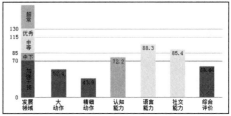

姓名	性别	身高(厘米)	体重(千克)	出生日期	测评日期	实际月龄
君君	男	109.2	23.9	2018-3-2	2021-3-7	36.1

图3-18 测评结果

早教中心的专业人员依据《0岁～6岁儿童发育行为评估量表》对君君的大动作、精细动作、认知、语言和社会性发展进行了测评。

测评结果显示君君无法双脚交替跳,模仿画交叉线时线条扭曲,不会扣扣子,会拧螺丝但动作不熟练,能理解"饿了、冷了",但不理解"累了"。

君君可以认识两种颜色,懂得"3",可以说出图片中的16个物品,而且君君发音清楚。这说明君君语言能力、认知能力、社交能力发展较好。

君君综合评价分数不高,主要是大肢体动作和精细动作发展不太好。

根据君君的测评报告,早教中心的专业人员建议君君要加强大肢体动作和精细动作的发展。

1. 大肢体动作的训练

两足交替走下楼梯:根据君君控制身体平衡的情况逐步加大难度,一开始可选择坡度稍小的楼梯练习。胆小的幼儿要给予鼓励,同时注意保护。

双脚原地跳起：地面上画一个直径30厘米的圆圈，让君君的双脚站在圆圈内，脚后跟略向上抬起，靠双脚脚尖用力向上跳，要求双脚着地时，不能落在圆圈外。

跳过障碍物：在立定跳远的基础上，在两条距离15厘米的线之间放一个高度在5厘米左右的绒毛玩具，让君君跳起时双脚同时越过障碍物，家长站在对面保护。

定向踩点跳：家长在地上铺上泡沫塑料垫，摆放时按不同颜色搭配，使同色之间有一定间隔。家长示范跳的方法，即脚着地时，必须踩在同一种颜色的塑料垫上，让君君照着做。

按直线跳跃：在地面上每隔15厘米画上一个直径5厘米的圆点，让君君顺着圆点单脚向前跳跃，每次跳过3个点后转身重复跳回来，然后换另一只脚练习。

训练应安排在饭前进行，运动可增加君君的食欲。活动时最好给君君穿弹力较好的运动鞋，严禁赤脚。

2. 精细动作的训练

家长要注重君君日常生活中手部的动作训练。可以教君君学习用塑料刀切草莓，用勺吃饭不撒在外面，用手拿小杯子喝水，用儿童剪刀剪纸条，用线穿珠子等。

折纸：家长示范折一些简单的图形，如长方形、三角形、梯形等，让君君跟着学。

摆放积木：提供图纸，鼓励君君按照图纸摆放积木。

捡豆粒练习：将三种不同的豆子混装在一个盘里，让君君分类挑拣出来。注意不要让君君把豆子放进嘴巴里、鼻孔里、耳朵里等。

生活中，家长还可以教君君学捏橡皮泥、面团等，使得左右手都参与操作，两手得到同步发展。

（三）操作指导

在日常工作中，早教中心会安排幼儿和家长在专业教师的带领下开展亲子活动，目的在于引导家长在家中与幼儿开展符合幼儿年龄特点的亲子互动游戏，以促进幼儿的全面发展。以下列举几个早教中心亲子活动。

1. 平衡活动：走直线

活动目标：幼儿练习平衡技能。

活动过程：在平整的场地上用彩色胶带贴一条直线。走、跑、跳是幼儿喜欢的活动，但这个年龄的幼儿还不能很好地保持平衡，常常出现小步快速跑。沿着线走可提高幼儿的眼、脚协调能力，练习平衡技能。

教师为家长和幼儿示范如何沿着胶带走，要脚跟对着脚尖走，同时可以伸出双臂保持平衡。家长提供支持，鼓励幼儿完成这项活动。教师可用这样的指导语："小朋友，继续走，踩着这条直线走。""你已经在这条线上走了两步。""小朋友,在这条直线上走,你能一直走到这条直线的终点吗?"

活动刚开始,幼儿可能不愿意独自走,家长可以用眼神或手势鼓励他,家长也可以根据幼儿的实际能力,选择站在幼儿的后面或是旁边,给幼儿以安全感。

幼儿回家后可继续练习沿直线走、沿曲线走;持物沿直线走、沿曲线走。

2. 语言活动:小猪过生日

活动目标:引导幼儿喜欢听故事,理解故事内容。

活动过程:教师出示小猪手偶,和幼儿一一打招呼。教师给幼儿讲故事:"今天是小猪的生日。猪爸爸说:'小朋友,祝你生日快乐!'猪妈妈说:'小朋友,祝你生日快乐!'猪爷爷说:'小朋友,祝你生日快乐!'猪奶奶说:'小朋友,祝你生日快乐!'小猪听了真开心!"

教师提问:"今天是谁过生日?""都有谁来祝小猪生日快乐?"家长指导幼儿回答问题。幼儿在教师和家长的带领下复述故事。

如果幼儿有兴趣,还可以请幼儿说说自己的生日是哪一天。

3. 手工活动:巧手做蛋糕

活动目标:幼儿学做泥工,锻炼手部精细动作。

活动过程:教师出示事先用橡皮泥做好的蛋糕:"这是老师送给小猪的礼物,我们小朋友也给小猪做个生日蛋糕吧。"教师讲解制作橡皮泥蛋糕的要领:搓、团橡皮泥,选用自己喜欢的模具进行制作。

家长指导幼儿制作橡皮泥蛋糕。

在家时,家长可给幼儿提供面团做饼干或小圆子等。

4. 认识活动:"1"和"许多"

活动目标:引导幼儿认识"1"和"许多",发展初步的数的概念。

活动过程:教师问幼儿:"每个小朋友做了几个蛋糕?"(1个)教师请幼儿把自己制作好的蛋糕放到桌子上围成圆圈,问幼儿桌子上有多少蛋糕。(许多)

生活中,家长可以利用各种情境,与幼儿一起认识"1"和"许多"。

5. 生活活动:吃蛋糕喽

活动目标:引导幼儿自己用勺子吃蛋糕,提高生活自理能力。

活动过程:教师说:"今天是小猪生日,它可高兴了,它请小朋友吃蛋糕。吃蛋糕之前小朋友先去洗洗手。"家长指导幼儿自己洗手。

教师出示蛋糕,蛋糕上插着两根蜡烛,教师问幼儿小猪几岁了。

教师问:"只有一个大蛋糕,这么多小朋友怎么吃?"分蛋糕,把圆圆的大蛋糕分成许多块小蛋糕。家长协助幼儿选一块蛋糕。

幼儿自己用勺吃蛋糕。吃完蛋糕后,家长指导幼儿把餐具收拾干净。

6. 音乐活动: 生日歌舞

活动目标:幼儿感受生日歌的欢快旋律,发展韵律感和节奏感。

活动过程:教师说:"我们一起祝贺小猪生日,大家一起来唱生日歌。"播放生日歌的音乐,教师大声领唱并配以简单的动作。家长带着幼儿跟着教师边唱边做相应的动作。

二、托育机构托大班照护服务

托育机构托大班依据《托育机构设置标准(试行)》和《托育机构管理规范(试行)》为24～36个月的幼儿提供专业成长方案,同时为家长提供专业的育儿知识和指导。

(一) 托育机构托大班服务内容

托大班幼儿处于语言发展的高峰期,他们能理解日常生活用语和成人简单的要求。他们的生活规律慢慢接近成人,开始产生独立心理,喜欢显示自己的成功,并感到自豪。

1. 教师工作

托育机构托大班的教师需要为24～36个月的幼儿安排适宜的一日生活作息。

表3-4　托大班一日生活时间安排

8:00～8:30	入园,律动,体育游戏
8:30～9:00	整理书包,如厕,吃早点,喝水
9:00～11:00	学习活动,户外游戏及日光浴时间
11:00～11:30	餐前教育,餐前准备,盥洗,如厕
11:30～12:30	享用午餐,收拾,漱口,如厕
12:30～15:20	午睡,起床,整理
15:20～16:10	如厕,盥洗,喝水,享用点心
16:10～16:30	自由探索,个别化活动,游戏
16:30～17:00	分享,整理书包,收拾玩具,如厕,离园,教师和家长互动

(目前,很多托育机构应家长需求,服务时间可延长至17点。)

帮助幼儿尽可能学会自己完成常规事务,如自己挂衣服、自己搬椅子、自己吃饭等。尽可能一次指导一个孩子,同时指导所有的孩子会让人手忙脚乱。这样,教师在指导孩子自己大小便、自己穿衣服或自己起床时就比较从容。保育工作不能仓促行事,仓促行事会使幼儿感到有压力,并会抵触。可以通过唱歌、手指游戏、故事等来防止幼儿在饭前、大小便及换尿

布时无聊。尽可能让幼儿自己做出选择，比如，如果幼儿存在睡觉问题，可以问他是否想要个柔软的娃娃或者其他可以搂着的玩具。在变换活动前，教师要给幼儿提示："你玩搭积木玩得很高兴，在打扫卫生以前你还可以再玩一会儿。"两分钟后教师再提醒一次，这样可以帮助幼儿顺利终止活动。尽可能让2岁幼儿以他自己的节奏来结束他所做的事情，这样他能愉快地将注意力转移到其他的事情上。

在这个阶段，幼儿的每日作息会变得较稳定，可以多安排一些集体活动。

表3-5　托大班保育活动安排

监护式照护	洗手的方式	大小便的方式	吃点心、进餐的方式	喝水、喝奶的方式	午睡的方式
托大班	自己用七步洗手法洗手	自主如厕	自己用勺吃	自己用水杯	自己穿脱衣物

表3-6　托大班教育活动安排

发展性照护	大肢体动作	精细动作	语　言	认　知	社会情感
托大班	跳，钻，跑，走直线，骑平衡车	组合积木，夹，画，撕折，穿珠，涂鸦	听故事，儿歌表演，复述故事，讲述故事	音乐游戏，美术，科学操作活动	角色扮演游戏，入园适应

2. 创设安全的环境

根据幼儿作息设置运动区，用餐区，厕所区、换鞋区、阅读区、睡眠区、集体活动区和社交游戏区等，让幼儿在不同活动时使用。划分一块安全的活动区域作为安静游戏区，划分一块开放的区域作为动态游戏区。记得在安静游戏区里放上一些柔软的枕头和玩具。准备足够多的安全玩具，放在开放、低矮的架子上供幼儿自己取用。同样的玩具至少要准备两三个，以防幼儿争抢。活动区域里的玩具要经常更换。在活动区域里准备一些很矮的桌子，供绘画、拼图及其他一些需要在桌子上进行的游戏使用。确保椅子很小、很坚固，幼儿爬到上面时不会翻倒。划分一块有围栏围住的户外活动区域，每天都带幼儿到户外活动。带轮子的小玩具、球类、秋千、木马、坡度很缓的滑梯及沙盘等，都是适于户外的活动器械。

提供温暖和具有安全感的环境。确保幼儿能自己拿到想要的物品，能自由自在地到处走动和探索。幼儿在安全的物理环境和心理环境中，能更好地依照自己的发展速度主动学习、自由探索。

3. 举行家长交流会

教师与家长们一起讨论幼儿的入托、入园适应问题。

在大小便训练这件事情上，教师要与家长合作，确保幼儿是以他自己的时间表来发展。到了可以开始如厕训练的时候,教师与家长要一起合作,确保幼儿轻松地过渡到自主如厕。

在托大班的入口附近设置海报栏,公布近期将要开展的活动,以及与幼儿有关的趣事,家长会很感兴趣。

【情景再现】

托大班保育老师和幼儿人数比不能高于 1:7。如果有 14 个幼儿,至少要配备 2 位保育老师。

1. 情感与社交环节

清晨入园,鼓励幼儿热情地与教师问好,教师也热情地拥抱幼儿,给幼儿晨检。教师与幼儿建立稳定的情感联结,使其有安全感。教师要观察了解每个幼儿的沟通方式和情绪表达特点,正确判断其需求,并给予及时、恰当的回应,创设人际交往的机会和条件,使幼儿感受与人交往的愉悦。

2. 生活与卫生环节

用餐、喝水:每天有专业的营养师制订膳食计划和营养食谱,为幼儿提供与年龄发育特点相适应的食物。每日提供多种食物,引导幼儿有规律进餐,认识和喜爱食物,培养幼儿专注进食的习惯。鼓励幼儿参与分餐、摆放餐具等劳动。在保证幼儿每天营养摄入均衡的情况下,鼓励他们自己用水杯喝水,自己用勺子吃饭,协助大人收纳物品等,为上幼儿园做好准备。

洗手、如厕:每天来园、饭前饭后、午睡前后、离园,幼儿都要洗手、如厕,鼓励幼儿自己洗手、自己如厕。教师要培养幼儿主动如厕的意识。引导幼儿餐后漱口,使用肥皂或洗手液正确洗手。

午睡:幼儿每天应做到作息规律,有充足的午睡时间。教师为幼儿提供良好的睡眠环境,室内的温度和湿度适宜,白天睡眠不过度遮蔽光线,设立独立床位,做到安全、卫生有保障。加强睡眠中的巡视与照护,教师注意观察幼儿睡眠时的面色、呼吸和睡姿,避免发生意外伤害。这个年龄段的幼儿要求独立的愿望增强,正是培养幼儿良好生活习惯和生活能力的好时机,让幼儿学系扣子,学穿裤子,学穿鞋、脱鞋等。

3. 户外活动环节

只要天气晴朗,每天的户外活动必不可少,幼儿可以一起晒晒太阳,玩玩游戏,锻炼身体。场地上有各种器材供幼儿选择:跷跷板、滑梯、小三轮车、木马、小推车、平衡木等。幼儿还要参加走直线、跑、跨越低矮障碍物、双脚跳、单足站立、原地单脚跳、上下楼梯等活动。

图3-19　走平衡桥　　　　　　　图3-20　推小车

4. 认知活动环节

阅读：教师提供合适的图片和图画书，培养幼儿阅读的兴趣、习惯和能力，引导幼儿模仿着讲故事、念儿歌。教师和幼儿谈论生活中的所见所闻，鼓励幼儿用语言表达自己的需求和感受。

自然角：设置自然角，教师带幼儿种花，每天观察植物的生长情况。教师引导幼儿运用各种感官持续探索周围环境，保护幼儿对周围事物的好奇心和求知欲，耐心回应幼儿的问题，鼓励幼儿自主探索。

图3-21　种植　　　　　　图3-22　"洗衣服"　　　　　图3-23　"做饭"

角色扮演：幼儿一起合作，你洗菜，我洗衣服，玩得不亦乐乎。这个年龄段的幼儿喜欢假装做饭、洗菜、打扫卫生等。角色游戏能促使幼儿模仿成人的行为，加强幼儿与他人的互动，提高其社会性发展水平，还可以借机培养幼儿爱劳动的品质。

（二）操作指导

引导幼儿感受母爱的伟大与无私,学会感恩母亲。引导幼儿学会用拥抱、亲亲等行为表达自己对母亲的爱,愿意自己的事情自己做。

教师讲述绘本故事《了不起的妈妈》,然后组织幼儿为妈妈献上歌曲《世上只有妈妈好》,妈妈和幼儿拥抱三分钟,并引导幼儿对着妈妈说"我爱妈妈"。

家长将幼儿感谢妈妈的话语录成视频,如"我的妈妈每天都会抱抱我、亲亲我、给我讲故事……""我的妈妈会做好吃的饭菜……""我的妈妈有长长的头发,大大的眼睛,很漂亮……"等,大家一起欣赏视频。

教师指导幼儿将妈妈的样子用画笔或其他材料呈现出来,妈妈一起参与,最后还可以请幼儿和妈妈一起拍照留念。

请幼儿为妈妈做一件事情,如给妈妈拿拖鞋,喂妈妈吃饼干等,家长拍成视频,教师将多个视频编辑到一起,进行分享。

最后,教师指导幼儿动手制作一朵康乃馨,并送给妈妈。

图3-24 幼儿作品"可爱的妈妈"

三、社区指导性照护服务

社区指导性照护服务是指社区亲子中心面向社区 2~3 岁幼儿及其家庭,开展幼儿早期养育指导的服务,包括亲子早教课、家长课堂、普惠托育服务等,旨在通过示范和引导,将科学的育儿理念传递给家长,延伸进家庭。

【情景再现】

最近小区里出了一件大事。2 岁多的乐乐从三楼家中窗户坠下,受了重伤,在重症监护室紧急救治。事发当天,乐乐的奶奶看到乐乐在睡觉,就留孩子独自在家,下楼买菜。孩子醒来后没找到奶奶,就端着小板凳走到阳台,先爬到阳台的洗衣机上,随后推开阳台窗户,想看看妈妈和奶奶是不是要回家,一不小心就坠楼了。

这件事发生后,社区亲子中心的赵老师马上在社区内组织了一次家长讲座"儿童常见安全问题的预防与紧急处理",邀请了儿童医院急救中心的医生来给家长们就安全问题进行详细讲解。通过对真实案例、常见事故进行分析,家长们知道了常见安全问题的预防方法、了解了紧急情况的处理方法。

讲座后,赵老师又组织家长排查家中的安全隐患,对家长进行安全教育,社区亲子中心也组织了一系列安全主题的亲子活动,进一步提升幼儿环境的安全性。

（一）线上社群育儿指导

2岁开始,幼儿的语言能力、运动能力、认知能力等都发生令人惊讶的变化。这个阶段的幼儿开始经历生命中的第一个叛逆期。

这个阶段的幼儿精力旺盛,喜欢不停地跑和跳,家长需要特别注意幼儿的安全问题,确保环境安全,孩子不易接触到危险物品。这个阶段幼儿的语言能力也在不断提高,能有目的地说一些短句,表达自己的要求、主张和想法,家长需要耐心地回应,并引导幼儿语言能力进一步发展。随着幼儿自身能力的增强,他们开始渴望独立,但又需要家长的各种指导和帮助,这种矛盾很容易使得幼儿失去掌控感,进而情绪崩溃。社区亲子中心利用线上社群适时指导家庭教育,能帮助家长科学且顺利地度过"可怕的2岁"阶段。

这个阶段的幼儿马上要上幼儿园了,家长最关心的问题是孩子如何适应幼儿园生活。社区亲子中心可以邀请幼儿园的园长和教师在线上社群给家长做幼儿入园答疑的讲座,让家长们协助幼儿提前在心理上和生活习惯上做好准备,以便让幼儿更快地适应即将到来的幼儿园生活。

（二）线下社区亲子活动

幼儿在家庭中常遇到的危险情况有跌伤、撞伤、割伤、刺伤、烫伤、吞食异物及异物卡喉等,开展入户安全指导能帮助家长普及急救知识。

此外,针对这个阶段幼儿的发展情况,可以在线下重点开展的亲子示范活动包括以下几种。

运动社交类亲子示范活动:可以用社区亲子运动会等形式,在跑步、跳远、跳高等趣味游戏中锻炼幼儿的平衡能力。同时在活动中多创设幼儿之间协作互助的环节,帮助幼儿提升社交能力,培养幼儿懂礼貌、愿合作、守规则的意识。

安全认知类亲子示范活动:在安全可控的范围内,引导家长带着幼儿接触和认识有一定危险性的物品,如体验较烫的热水、尖锐锋利的物品带来的刺痛感等,引导孩子认识危险物品和不安全的行为有哪些,提升幼儿对危险场景的认知。

情绪管理类亲子示范活动:通过绘本故事、趣味游戏等提升幼儿对自己的情绪认知,提升幼儿的表达能力和情绪控制能力,指导家长如何引导和处理孩子的不良情绪。

认知类亲子示范活动:这个阶段的幼儿逐渐对空间、时间、颜色等有了认识,社区亲子示范活动可以通过空间搭建游戏、涂鸦游戏、时间认知游戏等指导家长通过游戏促进幼儿的能力发展,游戏过程中需要注意培养幼儿的注意力和想象思维。

(三) 操作指导

幼儿的安全防护工作是重中之重。通过采取适当的措施,可以有效地预防意外事故的发生。

1. 家庭安全防护措施

要保证 24 小时有人看管孩子,即使孩子睡着了也不能让他单独在屋内。家长如果需要临时离开孩子一会儿,需要将孩子放在安全、不会滚落撞伤的地面区域。

塑料袋、垃圾袋等要收起来,防止孩子套在头上玩耍导致窒息。

浴缸里的水要及时排空,以免孩子不小心跌入其中发生意外。

窗台下、阳台边不要放置桌椅,也不要放置床、沙发等家具,防止孩子攀爬。如要放置家具,必须确保窗户封闭不能打开。

不要给 3 岁以下的孩子吃炒豆、瓜子、果冻、榛子、松子、蚕豆、整颗的葡萄、花生等食物,以免孩子噎住。

不要让孩子去逗不熟悉的猫或狗,以免被其抓伤或咬伤。

刀具、利器,清洁剂,药品,热水瓶,玻璃器皿和瓷器等应小心收纳在孩子无法接触到的地方。

2. 意外伤害家庭处理

(1) 跌伤和撞伤

拨打 120 急救电话,让孩子平躺在安全且硬质的平面,不要移动头部和颈部,可将毛衣或裤子等卷成筒状放在其颈部周围固定,防止颈部移动。冷敷,用冷毛巾或用干毛巾包着冰块敷在受撞击的身体部位,如有伤口和出血,先用干净的毛巾加压止血,等待救护车的到来。

(2) 割伤和刺伤

如果是较小的伤口,可挤出少量血液以冲洗掉伤口上的细菌和尘垢,然后用清洁的水清洗伤口,对无法彻底清洁的伤口,可用碘伏或双氧水消毒。

如果伤口大量出血,应该初步止血处理后立即送医。如果伤口较为表浅,血流速度较慢,可以直接用干净的纱布或毛巾压住伤口并扎紧以止血;如果伤口较大较深,血流速度较快,可在伤口压紧包扎后,再往向心方向进一步扎紧包扎,并立即送医处理。

(3) 烫伤

烫伤后应立即把烫伤部位浸入洁净的冷水中,或用洁净流动的清水冲洗,持续半个小时,使伤处快速降温,减轻烫伤深度,还能止痛。用冷水冲洗的同时要尽快将被热液打湿的衣物脱下,必要的时候可以将衣服剪开。不要揉搓烫伤部位,不要挑破水泡。

如果烫伤不严重(烫伤表皮发红但未起泡),一般可在家中先做处理。对发生在四肢和躯干上的创面,可涂上烫伤药膏,外面用纱布包敷;头面颈部的轻度烫伤,创面清洁涂药后可以不必包扎,使创面裸露,与空气接触,保持干燥,加快创面恢复。烫伤严重的要马上送医院治疗。

(4)吞食异物

除了在家里创设孩子不易接触细小异物的安全环境外,家长还需要注意观察孩子是否有吞食异物的情况。如果孩子误食异物之后没有出现任何症状,家长可以先观察,暂时不必处理,吃进去的异物一般会在最近几天随着大便排出体外,仔细观察孩子这几天的大便,观察异物是否排出。

如果发现孩子吞食了危险物品,或孩子出现腹痛、腹胀、胃部不适、哭闹不安、唾液增多、吞咽困难、拒食或进食呕吐等情况,需要立刻送医。

(5)气管异物

气管、支气管异物是常见的危重急症之一,治疗不及时可引发窒息及心肺并发症进而危及生命,所以现场急救非常重要。幼儿异物呛入气管时,家长应先鼓励幼儿自行咳嗽咳出异物,若不行,可试用下列手法诱导异物排出。

海姆立克急救法:这是一种利用儿童肺部残留气体形成气流冲出异物的急救方法。救护者站在患儿身后,从背后抱住其腹部,双臂围环其腰腹部,一手握拳,拳心向内按压于患儿的肚脐和肋骨之间的部位;另一手捂按在拳头之上,双手急速用力向里向上挤压,反复实施,直至异物吐出。

拍打背法:救护者站在幼儿侧后方,一手臂置于幼儿胸腹部,围扶幼儿,另一手掌根在幼儿背部肩胛间脊柱上给予连续、急促而有力的拍击,以利异物排出。

倒立拍背法:适用于小年龄的幼儿和婴儿,救护者倒提其两腿,使其头向下垂,同时轻拍其背部,通过异物自身的重力和呛咳时胸腔内气体的冲力,迫使异物向外咳出。

特别要注意的是,婴幼儿吃东西出现呛咳后长期反复咳嗽,按气管炎治疗仍不见好转时,应考虑是否有支气管异物的可能,应到医院做进一步的检查。

思考题:

1. 试着和一位2～3岁的幼儿说话,并将对话录下来。事后听这段录音,分析你是否根据幼儿的语言发展特点改变了自己的语言方式,你和幼儿之间是否轮流说话。

2. 为一名 2 岁半的幼儿设计一个入托适应方案,并给出相应的家长建议。

3. 根据《0 岁～6 岁儿童发育行为评估量表》,选定一个 2～3 岁幼儿的测试项目,将此项目的操作性定义和实际过程写下来。

4. 参观、见习或实习时,录制 2～3 岁幼儿生活自理方面的视频,制订一份 2～3 岁幼儿一日保育和教育计划。

5. 观察 2～3 岁幼儿在游戏中能玩多长时间,游戏中有无玩具;若有玩具,玩具的数量和类型分别是什么。想一想这对设计 2～3 岁幼儿的游戏有什么帮助。

6. 为 2～3 岁的幼儿(月龄段可自选)设计一日活动计划及 2～3 个亲子游戏。

主要参考文献

1. ［美］彭妮·劳·黛纳. 婴幼儿的发展与活动计划［M］. 吕萍,等译. 北京：北京师范大学出版社,2010.

2. 艾米·劳拉·多伯罗,劳拉. J. 柯克,黛安·翠斯特·道治. 托幼班创造性课程［M］. 李永怡,黄淑芬,译. 南京：南京师范大学出版社,2005.

3. Debby Cryer,等. 0~1 岁婴儿学习活动指导手册［M］. 鲍立铣,傅敏敏,译. 上海：少年儿童出版社,2008.

4. Debby Cryer,等. 1~2 岁幼儿学习活动指导手册［M］. 骆效瑜,刘蓉慧,译. 上海：少年儿童出版社,2008.

5. Debby Cryer,等. 2~3 岁幼儿学习活动指导手册［M］. 管倚,王荣,译. 上海：少年儿童出版社,2008.

6. 本书编写组. 0~3 岁婴幼儿托育机构实用指南［M］. 南京：江苏凤凰教育出版社,2019.

后　记

本书以《国务院办公厅关于促进3岁以下婴幼儿照护服务发展的指导意见》《托育机构设置标准(试行)》《托育机构管理规范(试行)》《托育机构保育指导大纲(试行)》《0岁～6岁儿童发育行为评估量表》等为相关依据,以具体的案例、叙事研究展示家庭、早教中心、托育机构、社区服务中心婴幼儿照护的真实情景,以0～3岁婴幼儿的发展为本,提供适合各年龄段婴幼儿的亲子活动;根据学前教育和早期教育专业高等职业教育的特点和要求,以幼儿师范学前教育、早期教育专业技能训练为核心,以家庭、早教中心、托育机构、社区服务中心的实际需求为导向,凸显"理论到实践"的课程理念,力图体现教、学、做一体化,注重课程的应用性和创新性。

感谢郭亦勤院长、蒋振声老师搭建平台,给予本书撰写支持和帮助;感谢韩映红教授给予本书的肯定和阅修;感谢三位副主编郭丽、肖莲、李芳分别提供早教中心、托育机构、社区指导服务的相关内容;感谢苏州花花屋国际保育园集团提供托育资源;感谢苏州市工业园区东方岚谷幼儿园朱小红园长;感谢三之三教育集团加城幼儿园王健园长和案例中"芃芃"的托班保教老师任丽娜、沈诗绮、宗春香;感谢三之三教育集团阳光水榭幼儿园靳丽萍园长和戴崇娟、查艳萍老师;感谢学前教育专业好友上海三之三教育集团总监王新霞、法克敏;感谢南京早教、托育专家许巧年、刘俊的支持与帮助。

书稿由盘海鹰负责统稿,限于编者水平,书中若有错漏和不当之处,敬请读者批评指正。最后,感谢在教材的编写和出版过程中提供帮助的所有单位和个人。感谢上海教育出版社。

盘海鹰

2021年6月

图书在版编目（CIP）数据

0-3岁科学育儿照护指导 / 盘海鹰主编. — 上海：
上海教育出版社，2022.11
ISBN 978-7-5720-1629-5

Ⅰ.①0… Ⅱ.①盘… Ⅲ.①婴幼儿 – 哺育 – 高等
职业教育 – 教材 Ⅳ.①TS976.31

中国版本图书馆CIP数据核字(2022)第202958号

责任编辑　管　倚
封面设计　赖玫伊

0-3岁科学育儿照护指导
盘海鹰　主编

出版发行　上海教育出版社有限公司
官　　网　www.seph.com.cn
地　　址　上海市闵行区号景路159弄C座
邮　　编　201101
印　　刷　上海景条印刷有限公司
开　　本　787×1092　1/16　印张 10.5
字　　数　205 千字
版　　次　2022年12月第1版
印　　次　2022年12月第1次印刷
书　　号　ISBN 978-7-5720-1629-5/R·0013
定　　价　36.00 元

如发现质量问题，读者可向本社调换　电话：021-64373213